HEINDL · VERMESSUNGSTECHNISCHE INSTRUMENTE

VERMESSUNGSTECHNISCHE INSTRUMENTE

GEBRAUCH, PRÜFUNG UND BERICHTIGUNG

VON

DIPL.-ING. R. HEINDL

REG.-VERMESSUNGSRAT

MIT 94 ABBILDUNGEN

VERLAG VON R. OLDENBOURG

MÜNCHEN 1950

INHALTSVERZEICHNIS

VORWORT

Die Entwicklung der optischen Instrumente in den letzten Jahrzehnten hat die Verwendung der Nivelliere, Theodolite und Tachymeter im Vermessungswesen weitgehend gefördert. Da diese Entwicklung noch im vollen Fluß ist, werden an den Vermessungstechniker und Vermessungsingenieur in bezug auf gründliche Kenntnis des Gebrauchs, der Prüfung und Berichtigung dieser Instrumente laufend erhöhte Anforderungen gestellt. Es ist deshalb wohl angebracht, die Instrumentenkunde in einem eigenen Werk zusammenzufassen.

Das vorliegende Buch behandelt in der Hauptsache den Lehrstoff dieses Faches an den Vermessungsabteilungen der Staatsbauschulen. Es richtet sich aus diesem Grunde vor allem an die Studierenden der Staatsbauschulen bzw. Ingenieure der Vermessungstechnik. Aber auch der Bauingenieur, der sich manchmal mit vermessungstechnischen Arbeiten befassen muß, kann daraus Nutzen ziehen. Außerdem mag das Buch für Studierende des Vermessungsingenieurfaches der Technischen Hochschule und für die jüngeren Diplomingenieure unseres Berufszweiges in mancher Hinsicht als Nachschlagewerk dienen.

An dieser Stelle möchte ich Herrn Reg.-Verm.-Rat Dr.-Ing. Graf für die Durchsicht des Manuskripts sowie Herrn cand. ing. R. Sigl für die Zeichnung der zahlreichen Figuren meinen verbindlichsten Dank aussprechen. Dem Verlag gebührt Dank für die Bemühungen hinsichtlich der Ausstattung des Werkes.

Möge das vorliegende Buch allen Interessenten ein guter, gerne gefragter Ratgeber sein.

München, im Februar 1950

R. Heindl

I. LÄNGENMESSGERÄTE

a) Meßlatten

Diese sind entweder 3 m oder 5 m lang, aus getrocknetem Tannen- bzw. Kiefernholz gefertigt und an den Enden durch Metallbeschläge geschützt. Der Querschnitt ist am häufigsten rechteckig. In Abständen von je 1 dm sind auf der Latte Teilstriche gezogen. Gewöhnlich besitzen die Latten ebene Endflächen. Es gibt aber auch solche mit schneidenförmigen Enden. Letztere gewährleisten bei der Messung eine Endenberührung in der Lattenachse bzw. ermöglichen die Messung des Schneidenabstandes mit einem Meßkeil.

Die einzelnen Meterfelder sind verschiedenfarbig bemalt. Die sogenannte rote Latte beginnt mit einem roten, die weiße Latte mit einem weißen Meterfeld.

b) Meßbänder

Die Ziehstahlbänder sind 20 m lang, etwa 20 mm breit und 0,5 mm dick. An den Enden des Meßbandes befinden sich drehbare, zylindrische Ringe, deren Achsen genau 20 m voneinander entfernt sind, wenn das Band straff gespannt ist. Die Teilung ist — meist durch kleine, kreisrunde Löcher oder aufgenietete Marken — bis auf dm durchgeführt. Zur Meßbandausrüstung gehören in diesem Falle noch zwei in Eisenschuhe mit Querriegeln endigende, hölzerne Stäbe, sog. Ziehstäbe, über welche bei der Messung die Endringe des Meßbandes geschoben werden. Diese liegen dann auf den genannten Querriegeln auf.

Werden die Meßstäbe genau lotrecht gehalten und ist das Band gut gespannt, so sind auch die Achsen der Ziehstäbe 20 m voneinander entfernt.

Handstahlbänder befinden sich in einem Schutzgehäuse und können leicht abgerollt werden. Sie haben eine Länge von 10, 20 oder 30 m. Die Teilung ist hier durch eingeätzte Linien bewirkt.

Bestimmung der Lattenlängen. Zur Bestimmung der genauen Länge von Latten dient der sogenannte Komparator, dessen Länge scharf mittels Normalmaßstäben bestimmt wird. Diese Normalmaßstäbe sind aus Metall mit quadratischem bzw. T-förmigem Querschnitt und schneidenförmigen Enden und weichen von der Sollänge nur sehr wenig ab. Ihre Länge errechnet sich aus der Maßstabgleichung, welche zum Beispiel lauten kann:

$$C = 1 \text{ m} - 0,01 \text{ mm} + 0,011 \cdot (t - 18) \text{ mm}$$

wobei t die Temperatur in Graden bedeutet, welche an einem am Maßstab angebrachten Thermometer jeweils abgelesen wird. Ein Komparator für Lattenabgleichung besteht aus zwei auf einem Brett oder Balken befestigten Stahlschneiden. Der Abstand der Kanten S_1, S_2 dieser Schneiden (die sog. Komparatorlänge) wird durch sorgfältiges Aneinanderreihen (Abschieben) zweier Normalmeter und durch Ermittlung des Restmaßes d_1 mit einem Meßkeil genauestens bestimmt (Abb. 1a). Steht nur ein Normalmeter zur Verfügung, so verwendet man zusätzlich noch 2 Stahlprismen zur Bestimmung der Komparatorlänge. Nachdem das Normalmeter an die eine Stahlschneide angelegt ist (s. Abb. 2), wird an das andere Ende des Normalmaßstabes ein Stahlprisma P_1 mit lotrechter Schneide vorsichtig angeschoben. Dann nimmt man das Normalmeter weg und legt an seiner Stelle ein zweites Prisma P_2 mit horizontaler Schneide an das erste an. Schließlich wird P_1 weggenommen und dafür der Normalmaßstab aufgelegt und mit P_2 in Berührung gebracht usw. Die Schneiden müssen etwas mehr als 5 m voneinander abstehen, wenn 5 m-Latten abgeglichen werden sollen.

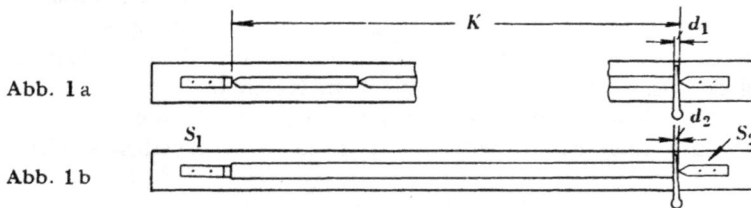

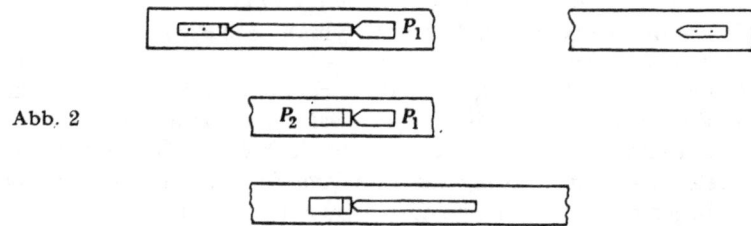

Abb. 1a

Abb. 1b

Abb. 2

Ist die Komparatorlänge K festgestellt, wird die zu untersuchende Latte aufgelegt (s. Abb. 1b), so daß das eine Lattenende an S_1 anliegt. Dann wird der Abstand d_2 der Schneide S_2 vom anderen Lattenende mit dem Keil gemessen. Die Länge l der Latte ergibt sich dann zu:

$$l = K - d_2$$

Bestimmung von Meßbandlängen. Zur Bestimmung der Länge von Meßbändern werden am besten zwei Metallmaßstäbe mit mm-Teilung so befestigt (etwa auf einer Sockelbank), daß der Abstand ihrer Nullpunkte ungefähr der Solllänge des Bandes entspricht.

Dieser Abstand ist mit Hilfe eines Normalmeters von bekannter Länge genauestens zu bestimmen. Dabei muß der Maßstab stets in seiner ganzen Ausdehnung auf einer ebenen, waagrechten Fläche liegen. Ein Meßband, dessen Länge ermittelt werden soll, wird auf die Komparatorbank gelegt und entsprechend gespannt. Es ist dabei darauf zu achten, daß mittels des Anfangs- bzw. Endstriches der Bandteilung an den Maßstäben abgelesen werden muß. Diese Ablesungen geben den Unterschied zwischen der Komparatorlänge und der Bandlänge an, womit sich die Länge des Meßbandes ergibt.

Die beiden zur Bestimmung der Komparatorlänge benützten Normalmeter hatten die Gleichungen:

$$C = 1\,\mathrm{m} + 0{,}01\,\mathrm{mm} + (0{,}011 \cdot t^0)\,\mathrm{mm}$$
$$D = 1\,\mathrm{m} - 0{,}02\,\mathrm{mm} + (0{,}011 \cdot t^0)\,\mathrm{mm}$$

Die folgende Zusammenstellung enthält die Aufschreibungen anläßlich der Ermittlung der Komparatorlänge und deren Ergebnis.

Nr.	Temp. t^0 (Mittel)	$3\,C =$	$2\,D =$	Keilables. d_1 in mm	$K = 3\,C + 2\,D + d_1$
1	20,3	$3\,\mathrm{m} + 0{,}69\,\mathrm{mm}$	$2\,\mathrm{m} + 0{,}40\,\mathrm{mm}$	3,22	$5\,\mathrm{m} + 4{,}31\,\mathrm{mm}$
2	20,6	$3\,\mathrm{m} + 0{,}72\,\mathrm{mm}$	$2\,\mathrm{m} + 0{,}42\,\mathrm{mm}$	3,20	$5\,\mathrm{m} + 4{,}34\,\mathrm{mm}$
3	20,9	$3\,\mathrm{m} + 0{,}72\,\mathrm{mm}$	$2\,\mathrm{m} + 0{,}42\,\mathrm{mm}$	3,22	$5\,\mathrm{m} + 4{,}36\,\mathrm{mm}$
4	21,0	$3\,\mathrm{m} + 0{,}72\,\mathrm{mm}$	$2\,\mathrm{m} + 0{,}42\,\mathrm{mm}$	3,21	$5\,\mathrm{m} + 4{,}35\,\mathrm{mm}$
5	21,1	$3\,\mathrm{m} + 0{,}73\,\mathrm{mm}$	$2\,\mathrm{m} + 0{,}42\,\mathrm{mm}$	3,20	$5\,\mathrm{m} + 4{,}35\,\mathrm{mm}$
				Mittel:	$5\,\mathrm{m} + 4{,}34\,\mathrm{mm}$

Maßstab C wurde je 3mal, Maßstab D 2mal aufgelegt.

Es wurden nun die beiden zu untersuchenden Latten (Inventarnummer 31 der Staatsbauschule München) abwechslungsweise auf die Komparatorbank gelegt. In Spalte 2 der Tabelle ist gleich die Summe zweier aufeinanderfolgender Keilablesungen (d_2) eingetragen.

Länge der beiden 5 m-Latten:

$$L = 2\,K - d_2$$
$$L = 10{,}00868\,\mathrm{m} - 0{,}00751\,\mathrm{m}$$
$$L = 10{,}00117\,\mathrm{m}$$

Nr.	Keilables. d_2 in mm
1	7,52
2	7,52
3	7,49
4	7,49
5	7,48
6	7,50
7	7,51
8	7,52
9	7,51
10	7,52
Mittel:	7,51 mm

II. INSTRUMENTE ZUM ABSTECKEN BESTIMMTER WINKEL

1. Diopterinstrumente

Einleitend wird kurz ein einfaches Diopter beschrieben. Dieses besteht aus einer kleinen Metallplatte O_1 mit Schlitz und einem kleinen Metallrahmen O_2 mit daran befestigtem Fadenkreuz (Abb. 3). Metallplatte und Rahmen sind durch ein Lineal miteinander fest verbunden. O_1 wird, weil dem beobachtenden Auge zugewendet, Okular genannt; O_2 heißt Diopterobjektiv. Ein Punkt P ist angezielt, wenn durch O_1 gesehen der Schnittpunkt des Fadenkreuzes den Punkt P deckt. Durch die Mittellinie des Okularspaltes und den Fadenkreuzschnittpunkt ist die Ziellinie festgelegt. Besteht auch O_2

aus einer Metallplatte mit Schlitz, so kann in zwei entgegengesetzten Richtungen ohne Veränderung der Lage des Diopters visiert werden.

Die Kegelkreuzscheibe (Abb. 4)

Auf einer Metallplatte Pl ist ein hohler Kegelstumpf befestigt, der mit 4 Schlitzen versehen ist. Zwei einander gegenüberliegende Schlitze bilden je ein Diopter, deren Zielebenen aufeinander senkrecht stehen müssen. Das Instrument

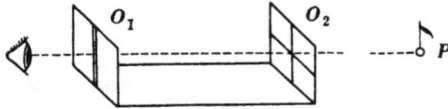

Abb. 3

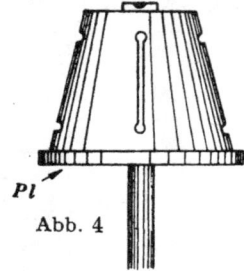

Abb. 4

wird auf einem Stab befestigt und besitzt eine Dosenlibelle. Die Kegelkreuzscheibe findet auch heute noch Verwendung bei Absteckungen von Geraden oder Kurven vor allem in steilem Gelände, wo weniger mit Winkelspiegel und Prisma gearbeitet werden kann.

Untersuchung der Kegelkreuzscheibe

a) Die Stabachse muß in jeder der beiden Zielebenen liegen

Um zu untersuchen, ob dies zutrifft, wird das Instrument über einem Punkt P_2 aufgestellt, der Punkt P_1 in die Zielebene eines Diopters genommen und bei unveränderter Stellung des Gerätes in entgegengesetzter Richtung zielend ein Punkt P_3 in dieselbe Ebene eingewiesen (Abb. 5).

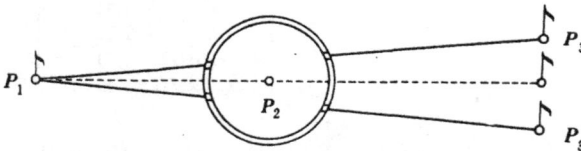

Abb. 5

Bei einer Drehung des Instrumentes um die Stabachse bis erneut dieselbe Diopterzielebene den Punkt P_1 enthält, wird für den Fall, daß die Stabachse nicht in dieser Ebene liegt, die entgegengesetzte Zielung auf einen Punkt P'_3 hinweisen, nicht auf P_3. Eine Berichtigung ist nicht möglich. Dieselbe Untersuchung muß auch in bezug auf die zweite Diopterzielebene durchgeführt werden.

b) Die durch die beiden Diopter gegebenen Zielebenen müssen senkrecht aufeinander stehen

Das Instrument wird über P_1 lotrecht aufgestellt, der signalisierte Punkt P_2 in eine der beiden Diopterzielebenen gebracht und in die zweite Zielebene ein Punkt P_3 eingewiesen (Abb. 6). Zielt man dann nach entsprechender Drehung des Instrumentes den Punkt P_2 mit dem soeben zum Einweisen des Punktes

P_3 benützten Diopter an, so liegt nicht mehr der Punkt P_3, sondern P'_3 in der ersten Zielebene, wenn die beiden Diopterzielebenen nicht senkrecht zueinander sind. Will man im Punkt P_1 der Geraden P_1P_2 eine Senkrechte abstecken, so stellt man in P_1 die Kegelkreuzscheibe auf und bringt den Stab in P_2 in eine Diopterzielebene. Bei berichtigtem Instrument liegt dann jeder in die zweite Zielebene eingewiesene Punkt in einer Senkrechten zu P_1P_2.

2. Spiegel- und Prismeninstrumente

Wir wollen zunächst ganz allgemein die Ablenkung eines Lichtstrahles ermitteln, der nacheinander auf zwei Spiegel trifft (Abb. 7). Ein vom Punkt P

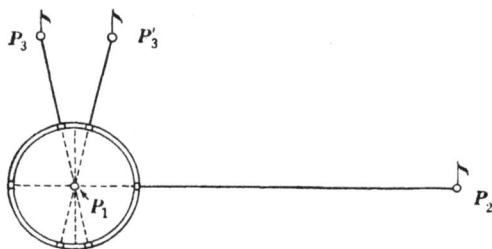

Abb. 6

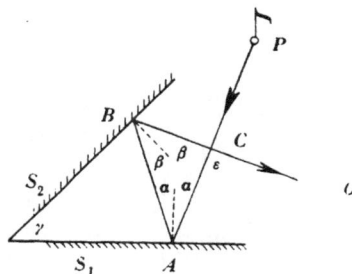

Abb. 7

kommender, zur Schnittkante der beiden Spiegel senkrechtstehender Lichtstrahl (einfallender Strahl) treffe im Punkte A auf den Spiegel S_1. Nach dem Reflexionsgesetz wird er hier so abgelenkt, daß einfallender und abgelenkter Strahl mit dem Lot im Auftreffpunkt A — dem sog. Einfallslot — denselben Winkel einschließen und mit diesem in einer Ebene liegen. Der reflektierte Strahl trifft in B auf den Spiegel S_2, wird dort wieder abgelenkt und geht schließlich durch den Punkt O. Die Gesamtablenkung, die ein Lichtstrahl auf diese Weise erfährt, ist gleich dem doppelten Winkel γ, den die beiden Spiegelflächen miteinander einschließen.

$$\gamma = 180^0 - [(90^0 - \alpha) + (90^0 - \beta)]$$
$$\gamma = 180^0 - 90^0 + \alpha - 90^0 + \beta$$
$$\underline{\gamma = \alpha + \beta} \qquad\qquad (1.)$$
$$180^0 - \varepsilon = 180^0 - (2\alpha + 2\beta)$$
$$\underline{\varepsilon = 2\alpha + 2\beta = 2(\alpha + \beta)} \qquad (2.)$$

Aus Gl. (1.) u. (2.): $\underline{\underline{\varepsilon = 2\gamma}}$

Der Winkelspiegel

Er besteht aus zwei ebenen Spiegeln, die in einem dreiseitigen prismatischen Metallgehäuse befestigt sind und einen Winkel von 45^0 miteinander bilden. Über den beiden Spiegeln befindet sich im Gehäuse, welches mit einem Griff mit Haken zum Einhängen der Senkelschnur versehen ist, je ein Ausschnitt.

11

Die Spiegelschnittkante muß beim Gebrauch des Gerätes lotrecht liegen. Soll mit dem Winkelspiegel der Fußpunkt F der Senkrechten durch den Punkt A auf die Gerade $P_1 P_2$ bestimmt werden, so sind die Punkte A, P_1 und P_2 zunächst durch Stäbe zu bezeichnen. Erscheinen in einem der Spiegel die Bilder der in P_1 und P_2 aufgestellten Fluchtstäbe in Deckung und befindet sich der durch den Ausschnitt im Gehäuse zu betrachtende Stab in A in der Verlängerung der zusammenfallenden Stabbilder, so liegt die Spitze des am Winkelspiegel hängenden Senkels auf 1 bis 2 cm genau im Lot durch den Fußpunkt F. Eigentlich müßte der Strahlenschnittpunkt C (Abb. 7) in die Messungsebene abgelotet werden. Dieser Punkt liegt aber nicht genau im Lot durch die Senkelspitze, sondern hat davon einen veränderlichen Abstand von

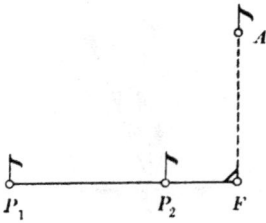 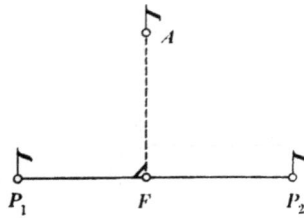 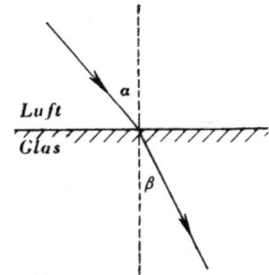

Abb. 8   Abb. 9   Abb. 10

1 bis 2 cm. Wenn wir nun die Projektion der Senkelspitze auf die Messungsebene als Fußpunkt der abzusteckenden Senkrechten bezeichnen, so machen wir einen kleinen Fehler, der aber praktisch unbedeutend ist.

Untersuchung und Berichtigung des Winkelspiegels

Zur Prüfung des Instrumentes wird eine Gerade $P_1 P_2$ mit Stäben bezeichnet und in einem Zwischenpunkt F mit Hilfe des Winkelspiegels, zunächst unter Benützung des Spiegelbildes des in P_1 aufgestellten und dann des in P_2 stehenden Fluchtstabes die Senkrechte gefällt. Diese muß in beiden Fällen denselben Punkt, zum Beispiel A (Abb. 9) enthalten. Andernfalls bilden die beiden Spiegel zusammen nicht genau einen 45°-Winkel und es wäre eine Berichtigung durch entsprechende Drehung der einen Spiegelebene gegen die andere mit Hilfe eines Berichtigungsschräubchens erforderlich.

Das Gesetz der Brechung und der totalen Rückstrahlung

Trifft ein Lichtstrahl schräg von Luft auf ein anderes Medium, z. B. Glas (Abb. 10), so durchdringt er dieses Medium, wird aber gebrochen und zwar so, daß die Gleichung gilt: $n = \dfrac{\sin \alpha}{\sin \beta}$ (Snelliussches Brechungsgesetz), wobei α bzw β die spitzen Winkel bedeuten, welche der einfallende bzw. gebrochene Strahl mit dem Einfallslot bildet. n ist die sogenannte Brechungszahl. Beim Übergang eines Lichtstrahles von Luft im Glas ist die Brechungszahl $n \approx 1,5$, von Glas

12

in Luft entsprechend $^2/_3$. Ein senkrecht auftreffender Lichtstrahl wird nicht abgelenkt. Einfallender und gebrochener Strahl liegen mit dem Einfallslot in einer Ebene. Der Brechungswinkel β kann einen bestimmten Wert, nämlich 41° 48′ nicht überschreiten. Ein in Glas verlaufender Lichtstrahl, welcher unter einem Einfallswinkel, der größer als 41° 48′ ist, auf eine Luftschicht trifft, wird dementsprechend nicht mehr gebrochen, sondern reflektiert. Man spricht in diesem Falle von einer totalen Rückstrahlung, im Gegensatz zur einfachen, die wir beim Winkelspiegel kennen gelernt haben.

Nun soll der Gang eines Lichtstrahles durch ein rechtwinkliges, gleichschenkeliges Prisma (Bauernfeindprisma) betrachtet werden, welches auf der Hypotenusenfläche einen Spiegelbelag besitzt. Wie schon der Name sagt, versteht man unter diesem Gerät ein dreiseitiges Glasprisma, dessen Querschnitt ein gleichschenklig rechtwinkliges Dreieck ist. Das Prisma ist derart von einer Metallfassung umgeben, daß nur durch die Kathetenflächen Licht eindringen kann. Auf

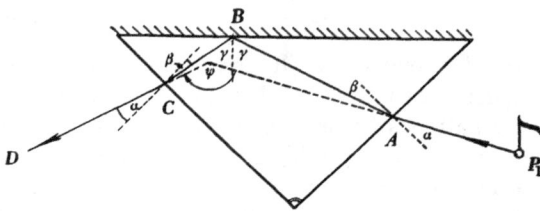

Abb. 11

die Fassung ist ein Handgriff mit Lothaken geschraubt. Ein von P_1 kommender, in A auf eine Kathetenfläche treffender Lichtstrahl (Abb. 11) wird dort gebrochen und gelangt im weiteren Verlauf in B auf die Hypotenusenfläche. Hier findet eine Reflexion statt. Der reflektierte Strahl trifft in C auf die 2. Kathetenfläche, wo eine Strahlenbrechung stattfindet. Der Winkel, den eintretender und austretender Strahl miteinander einschließen, ist in diesem Falle vom Einfallswinkel α abhängig.

$$360° = \psi + 90° + (90° - \alpha) + (90° - \alpha)$$
$$360° = \psi + 90° + 90° - \alpha + 90° - \alpha,$$
$$\psi = 90° + 2\alpha$$

Wie die folgende Abb. zeigt, kann ein Lichtstrahl beim Gang durch das Prisma auch eine zweimalige Brechung und zweimalige Rückstrahlung erfahren. Der von P_2 kommende Lichtstrahl wird in A so gebrochen, daß er in der Folge gleich auf die zweite Kathetenfläche trifft. Der hier total reflektierte Strahl fällt auf die Spiegelfläche. Dort erfolgt eine zweite Rückstrahlung. Beim Übergang des Strahles von Glas in Luft bei D findet abermals eine Brechung desselben statt. In diesem praktisch allein wichtigen Fall ist der Winkel zwischen dem eintretenden und dem das Prisma in Richtung F verlassenden Strahl nicht veränderlich mit α. Man sieht im Prisma ein festes Bild von P_2, welches auch an derselben Stelle bleibt, wenn eine Drehung des Instrumentes um die lotrechte Achse durchgeführt wird.

Es läßt sich leicht nachweisen, daß $\psi = 90^0$.

Aus Abb. 12 kann abgelesen werden: $\beta + \gamma + 90^0 + 45^0 = 180^0$

$$\text{Also:} \quad \beta + \gamma = 45^0 \qquad (1.)$$
$$(90^0 - \delta) + (90 - \gamma) + 45^0 = 180^0$$
$$\gamma + \delta = 45^0 \qquad (2.)$$

Aus Gl. (1.) u. (2.) folgt: $\beta = \delta$ (3.)

Nach dem Brechungsgesetz: $\alpha = \varepsilon$ (4.)

Aus $\Delta\,DEF$ folgt (nachdem $\sphericalangle DEF = \alpha$): $\psi = 180^0 - (90 - \varepsilon) - \alpha$
$$\psi = 90^0 + \varepsilon - \varepsilon \quad \text{(nach Gl. 4)}$$
$$\psi = 90^0$$

Das fünfseitige Prisma (Pentagon)

Abb. 13 zeigt einen Querschnitt durch dieses Prisma, bei dem zwei Seiten-flächen einen Spiegelbelag haben. Ein von P_1 kommender Lichtstrahl wird innerhalb des Prismas, wie beim Winkelspiel um 90^0 abgelenkt. Das Strahlen-stück $C\,D$ ist gegen $K_1\,K_5$ um denselben Betrag geneigt wie $B\,A$ gegen $K_1\,K_2$. Deshalb erfährt auch der das Prisma verlassende Strahl gegen $C\,D$ dieselbe Ablenkung wie $A\,B$ gegen $P_1\,A$ und die Gesamtablenkung des betrachteten Lichtstrahles ist wieder 90^0. Die Handhabung und Prüfung des Gerätes wird genau so durchgeführt, wie die des Winkelspiegels. Beim Winkelabstecken mit dem Pentagon zeigen sich keine beweglichen Bilder. Der Schnittpunkt des ein-tretenden und austretenden Strahles fällt in das Prisma, was eine genauere Festlegung der Winkelfußpunkte zur Folge hat.

Das Prismenkreuz

Dieses Instrument kann aus zwei dreiseitigen Glasprismen bestehen, die derart in einem Gehäuse übereinander befestigt sind, daß ihre Hypotenusenflächen aufeinander senkrecht stehen und außerdem zwei Kathetenflächen in einer Ebene liegen. Beim Punkteinschalten in eine Gerade $P_1\,P_2$ mit dem Prismen-kreuz muß erreicht werden, daß die Bilder der Stäbe in P_1 und P_2 in gegen-seitiger Verlängerung sind. Die Spitze des am Handgriff des Gerätes hängenden Senkels liegt dann in der Lotebene durch $P_1\,P_2$. Genau so wie das einfache

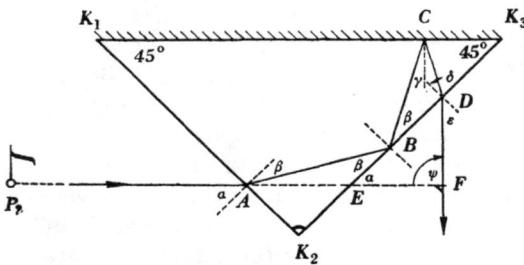

Abb. 12

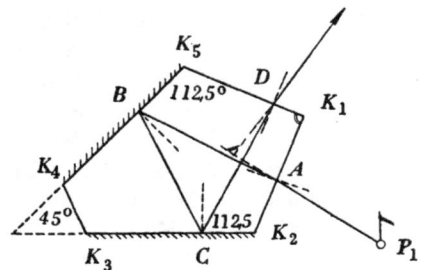

Abb. 13

14

Prisma ist auch das Prismenkreuz beim Gebrauch so zu halten, daß die Kathetenflächen und damit auch die Hypotenusenflächen lotrecht sind. Jedes einzelne der beiden Prismen kann natürlich auch für sich zum Abstecken von rechten Winkeln benützt werden.

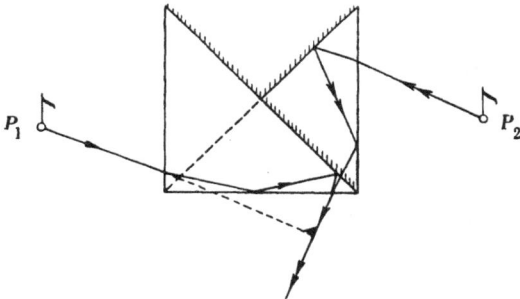

Abb. 14

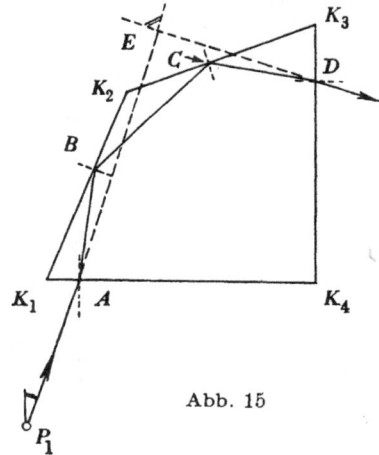

Abb. 15

Das Prismenkreuz kann auch aus zwei fünfseitigen Prismen bestehen, die dann derart in einem Gehäuse befestigt sind, daß zwei Seitenflächen in einer Ebene liegen, welche mit einer anschließenden Seitenfläche einen rechten Winkel bildet.

Das Vierseit-Prisma

$P_1 A$ (Abb. 15) stellt einen im Prismenquerschnitt liegenden Lichtstrahl dar, welcher beim Eintritt in das Prisma gebrochen, in B und C jeweils total reflektiert wird und in D nochmals eine Brechung erfährt. Die Gesamtablenkung dieses Strahles ist, wie leicht zu beweisen, 90⁰. Bei diesem Prisma erübrigt sich jeder Spiegelbelag!

Nach Wollaston wird ein Prisma benannt, dessen Querschnitt ein Fünfeck ist mit den Winkeln $\alpha = 67\frac{1}{2}^0$, $\beta = 135^0$, $\gamma = 67\frac{1}{2}^0$, $\delta = 135^0$, $\varepsilon = 135^0$. Der Strahlengang ist derselbe wie beim vierseitigen Prisma (Abb. 16).

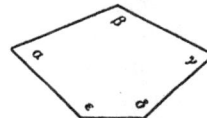

Abb. 16

Das Kreuzvisier besteht aus zwei Wollastonschen Prismen und wird wie das Prismenkreuz zum Abstecken von gestreckten Winkeln verwendet.

Die Prismentrommel

Hauptbestandteile dieses Instrumentes sind zwei in einem zylindrischen Gehäuse übereinander angebrachte rechtwinklig, gleichschenkelige Prismen. Das obere Prisma ist fest mit dem Deckel des Zylinders verbunden, während das untere Prisma auf einer Kreisscheibe befestigt ist, die um die Zylinderachse drehbar angeordnet ist. Die kurze Mittelsenkrechte der Hypotenusenflächen beider Prismen fällt in die Achse des Hohlzylinders. Damit die Lichtstrahlen die Prismen durchdringen können, muß das Gehäuse entsprechend ausgeschnitten sein. Bei der Messung eines Winkels wird das bewegliche Prisma so lange gedreht, bis die Bilder zweier Fluchtstäbe, die Punkte der beiden Winkelschenkel bezeichnen, in einer Geraden sind.

Der Winkel α, den die Hypotenusenflächen in dieser Stellung miteinander einschließen, kann mittels eines Zeigers an einer Teilung abgelesen werden, womit auch der zu messende Winkel bekannt ist ($\varphi = 2\,\alpha$).

Das Gerät wird auf einem Stockstativ verwendet.

Literatur zur Prismentrommel: Dr. Decher, Die Prismentrommel. Mü. 1888.

III. NEIGUNGSMESSER

1. Der Gradbogen

Er wird in der Hauptsache zur Bestimmung der Neigung einer Meßlatte gegen die Horizontale verwendet. Setzt man ihn, so wie in Abb. 17 angedeutet,

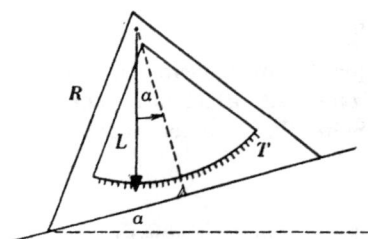

Abb. 17

auf die Latte, so zeigt das am Rahmen R im Mittelpunkt der Teilung T befestigte Pendel L unmittelbar den Neigungswinkel α der Unterlage gegen die Waagerechte an. Dabei ist allerdings vorausgesetzt, daß bei waagrechter Lage der Aufsetzfläche mit der Pendelspitze als Zeiger an der Teilung der Wert 0 abgelesen wird. Es muß also der Teilungs-Null-Punkt auf einer Senkrechten durch die Drehachse des Pendels auf die Aufsetzfläche liegen. Das Zutreffen dieser Voraussetzung kann dadurch nachgeprüft werden, daß man vor und nach dem Umsetzen des Gradbogens auf seiner Unterlage an der Teilung abliest. Die beiden Ablesungen müssen gleich sein. Andernfalls muß die Teilung, wenn möglich, entsprechend verschoben werden.

Eine ausführliche Beschreibung eines Instrumentes dieser Art befindet sich in Z. f. V. 1893 S. 242.

2. Neigungsmesser von Brandis (Wolz)

In einem zylindrischen Gehäuse befindet sich drehbar um eine Achse eine mehrfach durchbrochene Kreisscheibe, deren Mantelfläche eine Teilung trägt. Eine einseitige Belastung der Scheibe hat zur Folge, daß der Nullpunkt der Teilung stets auf einer horizontalen Linie durch den in die Drehachse fallenden Kreismittelpunkt liegt. Am Gehäuse ist ein Diopterrohr befestigt, mit einer Lupe am Okularende, welche durch einen kleinen Ausschnitt die Ablesung an der Teilung gestattet.

Beim Gebrauch des Instrumentes wird mit dem Diopter der Punkt, dessen Höhe ermittelt werden soll, angezielt und dann in der Verlängerung des Okularschlitzes an der Teilung abgelesen. Die Bewegung der Kreisscheibe kann durch eine eigene Vorrichtung gehemmt werden.

Literatur: Koch, Ein Horizontalmesser, Z.f.V. 1872. — Krehan, Der Zugmaiersche Höhenmesser, Z.f.V. 1873. — Doll, Der Gefällsmesser von Wolz, Z.f.V. 1889.

IV. LINSEN UND FERNROHRE

Linsen sind kugelförmig begrenzte Glaskörper. Von Bedeutung sind vor allem die Sammellinsen und hier wieder die bikonvexe Linse, welche von zwei Kugelflächen begrenzt wird. Die plankonvexe Linse hat eine Ebene und eine Kugelfläche als Begrenzung. Die Verbindungslinie der beiden Kugelmittelpunkte bzw. die Senkrechte von dem einen Kugelmittelpunkt auf die die Linse begrenzende Ebene wird optische Achse der Linse genannt. Die folgenden Figuren stellen senkrechte Schnitte durch die jeweilige optische Achse dar.

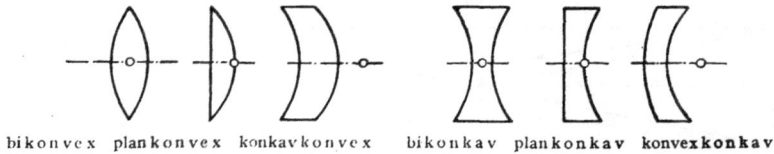

bikonvex plankonvex konkavkonvex   bikonkav plankonkav konvexkonkav

Abb. 18. Sammel- und Zerstreuungslinsen

Hauptpunkt und Brennweite

Treffen nahe der Achse (Zentralstrahlen) und parallel dazu verlaufende Lichtstrahlen auf eine bikonvexe Linse (s. Abb. 19), so werden sie zweimal gebrochen und schneiden schließlich die Linsenachse im Brennpunkt F_1 bzw. F_2. Wir bringen in Abb. 19 den eintretenden und den die Linse verlassenden Strahl zum

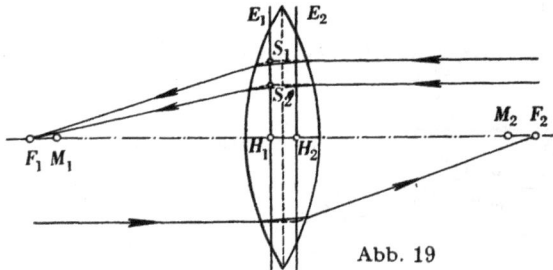

Abb. 19

Schnitt. Die Schnittpunkte S_1, S_2 liegen in den zur Achse senkrechten Ebenen E_1 und E_2, den sogenannten Hauptebenen. Diese schneiden die Achse der Linse in den Hauptpunkten H_1, H_2. Wir können uns also die beiden Strahlenbrechungen durch eine einzige im Punkte S_1 bzw. S_2 ersetzt denken. Der Abstand $F_1 H_1$ ist gleich $F_2 H_2$ und stellt die Brennweite f der Linse dar. Lichtstrahlen, die durch den optischen Mittelpunkt der Linse gehn, erfahren keine Brechung.

Strahlengang durch die bikonkave Linse (Abb. 20)

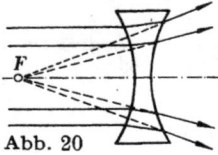
Abb. 20

Parallel zur optischen Achse auf die Linse treffende Lichtstrahlen erfahren nach zweimaliger Brechung eine Zerstreuung und schneiden sich in ihrer Verlängerung in einem Punkte, dem Brennpunkt F.

Das von einer bikonvexen Linse hervorgerufene Bild

Nimmt man eine äußerst dünne Linse an, so fallen praktisch die beiden Hauptebenen mit der Mittelebene zusammen (s. Abb. 21).
Von einem Gegenstand G, dessen Entfernung von der Mittelebene der Linse größer ist als $2f$, wird auf der Gegenseite innerhalb der doppelten Brennweite ein umgekehrtes, verkleinertes Bild entworfen.

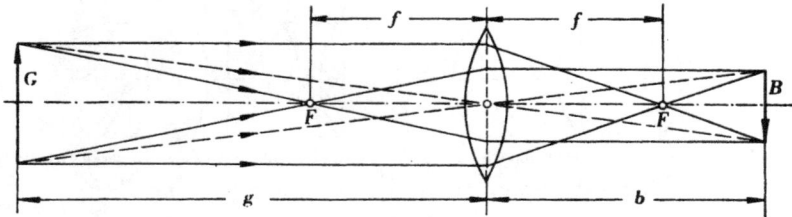
Abb. 21

$g =$ Gegenstandsweite, $b =$ Bildweite. Zwischen g, b und der Brennweite besteht folgender Zusammenhang:

$$\frac{1}{f} = \frac{1}{g} + \frac{1}{b}$$ Diese Gleichung wird dioptrische Hauptformel genannt.

Für Zerstreuungslinsen ergibt sich: $\dfrac{1}{f} = \dfrac{1}{g} - \dfrac{1}{b}$

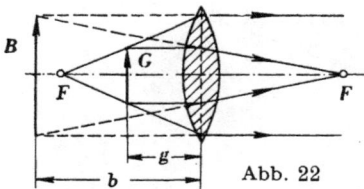
Abb. 22

Die bikonvexe Linse als Lupe

Befindet sich der Gegenstand G innerhalb der einfachen Brennweite, so entsteht das Bild B auf derselben Seite und zwar aufrecht und vergrößert (Abb. 22).

Das einfache astronomische Fernrohr

Hauptbestandteile sind zwei Sammellinsen L_1 und L_2. Das Objektiv L_1 erzeugt von einem Gegenstand G ein Bild B, welches umgekehrt und verkleinert ist. Dieses Bild wird von der Okularlinse vergrößert, da es sich innerhalb der Brennweite dieser Linse befindet. Die Linse L_1 ist in der sogenannten Objektivröhre befestigt. Das Okular L_2 steckt in einer Metallröhre, die als Okularauszug bezeichnet wird.

Durch eine Triebschraube können beide Röhren gegeneinander verschoben werden. Zum Anzielen von Punkten muß das Fernrohr außerdem mit einem Fadenkreuz ausgestattet sein. Als solches bezeichnet man in neuerer Zeit im einfachsten Falle zwei in Glas geritzte, aufeinander senkrecht stehende Linien.

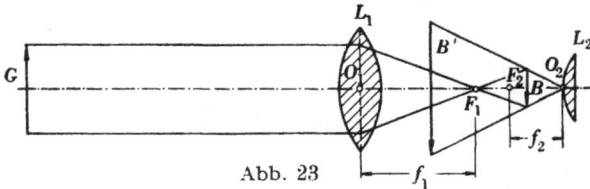

Abb. 23

Die Fadenkreuzplatte ist in der Okularröhre angebracht und kann senkrecht zu deren Achse in zwei Richtungen verschoben werden (s. Abb. 25).

Durch den Fadenkreuzschnittpunkt F_s und den optischen Mittelpunkt O_1 des Objektives ist eine ausgezeichnete Gerade, die Zielachse des Fernrohres, festgelegt.

Soll irgendein markanter Punkt im Fernrohr eingestellt werden, so hat man sich zunächst zu vergewissern, ob das Fadenkreuz deutlich sichtbar ist. Dabei wird das Fernrohr zweckmäßig gegen einen hellen Hintergrund gerichtet und der Abstand der Okularlinse vom Fadenkreuz entsprechend geändert. (Die

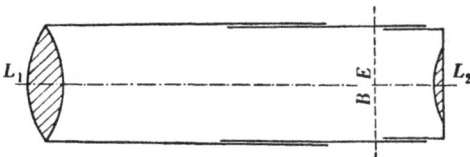

Abb. 24

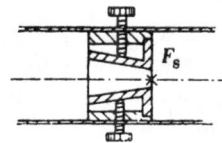

Abb. 25

Linse L_2, in einer Hülse befestigt, ist innerhalb der Okularröhre verschiebbar.) Nun muß der Zielpunkt mit Hilfe eines mit dem Fernrohr verbundenen Diopters ins Fernrohrgesichtsfeld gebracht — und deutlich sichtbar gemacht werden. Letzteres geschieht durch Drehen der Okulartriebschraube. Das Bild des Zielpunktes liegt jetzt in der Fadenkreuzebene. Ob dies wirklich genügend genau der Fall ist, muß jeweils kontrolliert werden und zwar dadurch, daß man das Auge vor dem Okular etwas hin und her bewegt und feststellt, ob sich dabei der Fadenkreuzschnittpunkt gegenüber dem Bild verschiebt oder nicht. Wenn ersteres der Fall ist, so ist eine sogenannte Parallaxe vorhanden, d. h. Bild und Fadenkreuz sind nicht in derselben Ebene. Dann muß der Abstand Fadenkreuz — Objektiv geändert werden.

Wird der Fadenkreuzschnittpunkt nun mit dem Bild des Zielpunktes zur Deckung gebracht, so ist der Punkt im Fernrohr eingestellt.

Bestimmung der Fernrohrvergrößerung

Mit dem einen Auge wird durch das Fernrohr das Bild einer lotrechten, geteilten Latte betrachtet, mit dem anderen Auge sieht man gleichzeitig neben dem Fernrohr vorbei auf die Latte. Nun projiziert man die Endpunkte etwa eines Meters der mit freiem Auge gesehenen Lattenteilung in das Bild derselben und stellt fest, wie viele vergrößerte Zentimeter und Millimeter sich zwischen den Punktprojektionen befinden. Letzteres möge zum Beispiel für 7 Zentimeter zutreffen. Dann kann auf einfache Weise die Fernrohrvergrößerung ermittelt werden:

$$v = \frac{1\,m}{0{,}07\,m} = 14{,}3 \approx 14.$$

Zusammenwirken von zwei und mehreren Linsen

Literatur: **Meisel**, Lehrbuch der Optik. — **Jordan**, Handbuch der Vermessungskunde, 2. Band. — **Fenner**, Die Theorie der optischen Linse, Z.f.V. 1890.

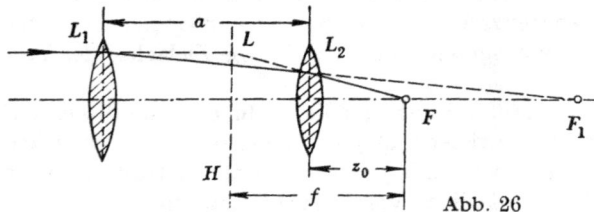

Abb. 26

Unter der Voraussetzung, daß die Linsendicken vernachlässigt werden können und die Brennweiten der einzelnen Linsen bekannt sind, lassen sich der Brennpunktabstand z_0 und die Brennweite f für zwei Sammellinsen nach folgenden Formeln ermitteln:

$$z_0 = \frac{(f_1 - a) \cdot f_2}{f_1 + f_2 - a}, \quad f = \frac{f_1 \cdot f_2}{f_1 + f_2 - a}, \quad \begin{array}{l} f_1 = \text{Brennweite der Linse } L_1 \\ f_2 = \text{Brennweite der Linse } L_2 \\ a = \text{Abstand der beiden Linsen} \end{array}$$

Für $a = o$, wird:

$$z_0 = \frac{f_1 \cdot f_2}{f_1 + f_2}, \quad f = \frac{f_1 \cdot f_2}{f_1 + f_2}$$

Die Hauptebene H des Linsensystems ist somit festgelegt. H liegt in dem angenommenen Fall um den Betrag $f - z_0$ vor der zweiten Linse (bezogen auf die Richtung des einfallenden Strahles).

Denken wir uns nun an Stelle von H eine unendlich dünne Linse L mit der Brennweite $f = \dfrac{f_1 \cdot f_2}{f_1 + f_2 - a}$, so kann diese in ihrer Wirkung die beiden Linsen L_1 und L_2 ersetzen. f heißt in diesem Falle Äquivalentbrennweite. Die äqui-

20

valente Linse L ist hier eine Sammellinse. Liegt der Brennpunkt F vor der Hauptebene des Systems, so ist L eine Zerstreuungslinse.

Auf entsprechende Weise kann man die Lage des Brennpunktes für eine Kombination beliebig vieler Linsen berechnen. Es gilt dann ganz allgemein: Für jedes Linsensystem gibt es zwei Hauptebenen von bestimmter Lage und einer gewissen Brennweite, die das System ersetzen können.

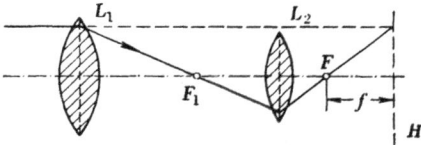

Abb. 27

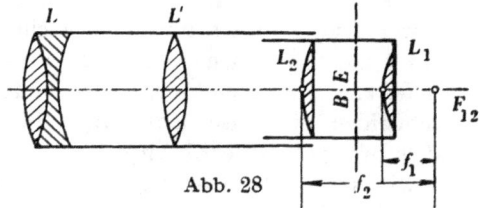

Abb. 28

Ermittlung der Bildweite für ein zweigliedriges Linsensystem
Das Objekt befindet sich im Abstand g vor der ersten Linse. Dann entwirft diese Linse ein Bild im Abstand: $b_1 = \dfrac{8 \cdot f_1}{g - f_1}$

Dieses Bild gilt für die zweite Linse als Gegenstand, auch wenn es praktisch nicht zustande kommt. In diesem Falle spricht man von einem **virtuellen Objekt**. Die Entfernung des von der zweiten Linse entworfenen Bildes, von dieser Linse errechnet sich nach: $b_2 = \dfrac{(a + b_1) \cdot f_2}{a + b_1 - f_2}$

Zusammengesetzte Okulare

a) Das Okular von Huygens

Dieses besteht aus zwei Linsen L_1 und L_2. Durch Zusammenwirken von L und L_2 entsteht in der Ebene B ein Bild des betrachteten Gegenstandes. In der Abb. 28 ist die Lage der Äquivalentlinse L' (für L und L_2) angedeutet. Das umgekehrte Bild wird dann vom Beobachter durch die Linse L_1, welche als Lupe wirkt, betrachtet.

b) Das Okular von Ramsden

Es besteht aus zwei plankonvexen Linsen, die so angeordnet sind wie es Abb. 29 zeigt. Die Wirkungsweise ist folgende: Das Objektiv entwirft vom Objekt G in der Entfernung b das Bild B. Dieses liegt nur wenige Millimeter vor der sogenannten Kollektivlinse L_1. Diese erzeugt ein Bild B'. L_1 und L_2, deren Abstand in einem bestimmten Verhältnis zu ihren Brennweiten steht, können in ihrer Wirkung durch eine Äquivalentlinse ersetzt werden. Es ist aus der Abb. zu ersehen, daß die Lichtstrahlen die erste Linse genau so verlassen, als kämen

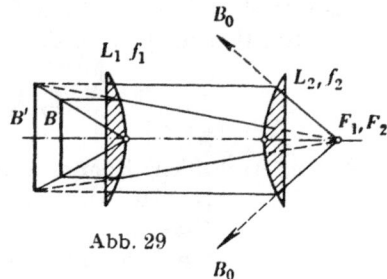

Abb. 29

21

sie vom Bilde B' her. Daraus folgt, daß B' für die zweite Okularlinse L_2 als Gegenstand gilt. So ergibt sich schließlich das von L_2 entworfene virtuelle Bild B_0.

Das zusammengesetzte Objektiv

Wird als Fernrohrobjektiv nur eine Linse verwendet, so kommt sowohl die Kugel- als auch die Farbenabweichung zur Geltung. Was versteht man unter Kugel- bezw. Farbenabweichung?

Zwei zur Linsenachse parallele Strahlen, von denen der eine die Linse nahe der optischen Achse, der andere diese nahe an ihrem Rande trifft, schneiden die Linsenachse nicht in ein und demselben Punkt. Man nennt dies Kugelabweichung.

Trifft ein verschiedenfarbiger Lichtstrahl auf eine Linse, so verläßt er diese in verschiedene Strahlen aufgeteilt. Es zeigt sich, daß zum Beispiel violette Strah-

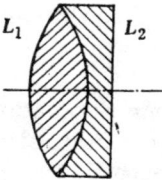

Abb. 30

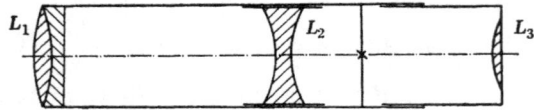

Abb. 31

len stärker gebrochen werden als rote, so daß man bei Parallelstrahlen nicht mehr von einem gemeinsamen Brennpunkt sprechen kann. Wir haben es hier mit einer Farbenabweichung zu tun.

Zur Ausschaltung der ersten Fehlerquelle, der Kugelabweichung, werden im Fernrohr Blenden angebracht, welche die Randstrahlen abhalten.

Zur Ausschaltung der Farbenabweichung verwendet man achromatische Objektive, bestehend aus zwei Linsen, einer Linse L_1 aus Kronglas und einer Flintglaslinse L_2 (siehe Abb. 30).

Das Fernrohr mit innerer Einstellinse

Objektiv und Fadenkreuz haben einen konstanten Abstand. L_1 und L_2 erzeugen zusammen vom Gegenstand ein umgekehrtes Bild, das von der Okularlinse vergrößert wird. Die Linse L_2 muß entsprechend den verschiedenen Entfernungen der Gegenstände vom Instrument jeweils verschoben werden, damit das Bild stets in der Fadenkreuzebene entsteht. Das Okular ist auch bei dieser Konstruktion für sich verstellbar.

V. DIE LIBELLE

Wir unterscheiden: Röhrenlibellen und Dosenlibellen.

Als Röhrenlibelle wird eine mit einer Metallfassung ausgestattete, innen geschliffene Glasröhre bezeichnet, die mit Äther und mit Ätherdampf (Libellenblase) gefüllt und an beiden Enden zugeschmolzen ist. Die Innenwand der Libelle ist eine durch Drehung eines Kreisbogens um die Achse A entstehende Fläche (s. Abb. 32).

Unter Schliffkurve versteht man den Schnitt der Lotebene durch A mit der Innenwand der Glasröhre. An der Außenseite des Glaskörpers befindet sich eine Teilung, deren Strichabstand a entweder 2 Millimeter oder 2,26 Millimeter = 1 Pariser Linie beträgt. Sind die beiden Blasenenden vom Mittelpunkt M der Skala gleichweit entfernt, so spielt die Libelle ein. Im anderen Falle ist ein Libellenausschlag vorhanden (in der Abb. mit c bezeichnet).

Libellenachse wird die Tangente T an die Schliffkurve im Scheitelpunkt S genannt. Der Teilungsmittelpunkt M, der Scheitelpunkt S und der Mittelpunkt C der Schliffkurve liegen in einer Geraden, deshalb ist bei einspielender Libelle der zum Scheitelpunkt S führende Radius lotrecht und dementsprechend die Libellenachse waagerecht.

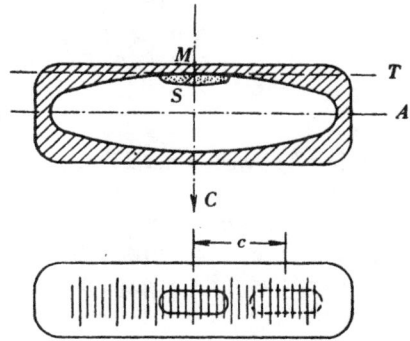

Abb. 32

Der Winkel, den zwei zu aufeinanderfolgenden Teilstrichen gezogene Halbmesser miteinander einschließen, wird als Teilwert p oder Angabe der Libelle bezeichnet (Abb. 33). Eine 2. Definition für p: Man versteht unter dem Teilwert den Winkel, um den die Libelle geneigt wird, wenn sich die Blase von einem Teilstrich zum nächsten bewegt.

Es gibt zwei Methoden zur Bestimmung des Teilwertes der Libelle.

a) Steht die Libelle in fester Verbindung mit einem Fernrohr, so zielt man eine in günstiger Entfernung aufgestellte Nivellierlatte an, macht die Ablesung a_1

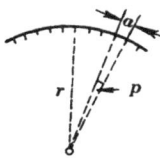

Abb. 33

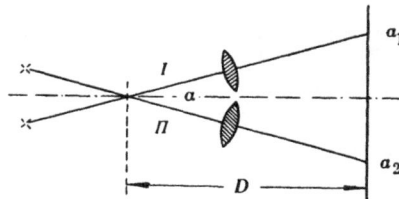

Abb. 34

und bestimmt den Ort der Blasenmitte, den Blasenstand b_1, durch Ablesen ihrer beiden Enden an der Libellenteilung. Nun wird das Fernrohr etwas geneigt, so daß sich ein anderer Blasenstand b_2 ergibt und wiederum an der Latte abgelesen (a_2). Die entsprechenden Lagen der Ziellinie sind in der Abb. 34 mit I und II bezeichnet.

Der Neigungswinkel α läßt sich berechnen aus: $\alpha = \dfrac{\varrho}{D} \cdot (a_2 - a_1)$.

Die Tangente T beim Blasenstand b_1 kommt nach der Neigungsänderung des

23

Fernrohres und damit der Libelle in die Lage T'. T und T' bilden miteinander den Neigungswinkel α. Man erhält somit den Winkel α auch aus der Differenz der Ablesungen b_1 und b_2 an der Libellenteilung (Abb. 35).

$$\alpha = \varrho'' \cdot \frac{b_2 - b_1}{r} = (b_2 - b_1) \cdot p''.$$

Damit ergibt sich: $\varrho \cdot \dfrac{a_2 - a_1}{D} = (b_2 - b_1) \cdot p''$

$$p'' = \frac{\varrho \cdot (a_2 - a_1)}{(b_2 - b_1) \cdot D}$$

b) Der Teilwert einer Libelle kann auch, sofern diese nicht mit einem Fernrohr in fester Verbindung steht, mit dem Legebrett, dem sogenannten Libellenprüfer bestimmt werden. In diesem Falle ist zunächst die einer ganzen Umdrehung der Schraube S (siehe Abb. 36) entsprechende Neigungsänderung des Legebrettes, die sogenannte Konstante des Libellenprüfers, zu ermitteln.

Diese ergibt sich zu: $\beta'' = \varrho'' \cdot \dfrac{h}{g}$

g ist der Abstand der Schraubenspitze von der Verbindungslinie der Endpunkte der beiden Füße F. h bedeutet die Schraubenganghöhe und kann einem Abdruck der Schraube auf Papier entnommen werden. Nachdem β'' bekannt ist, wird die zu untersuchende Libelle — wie in der Figur dargestellt — aufgesetzt, der Blasenstand b_1 bestimmt, und mittels des Zeigers Z an der Teilung Te abgelesen. Nach Drehung der Schraube um einen bestimmten Betrag (Änderung der Ablesung an Te um ΔT) befindet sich die Blasenmitte in b_2. Der Winkel α, um den bei dieser Bewegung das Legebrett und damit die Libelle geneigt wurde, ergibt sich aus: $\alpha = \Delta T \cdot \beta$.

Wie unter a) eingehend erläutert wurde, ist aber auch: $\alpha = (b_2 - b_1) \cdot p''$.

Damit erhalten wir: $p'' (b_2 - b_1) = \Delta T \cdot \beta$, $p'' = \dfrac{\Delta T \cdot \beta}{b_2 - b_1}$

ΔT ist dabei in Einheiten einer ganzen Schraubenumdrehung auszudrücken!

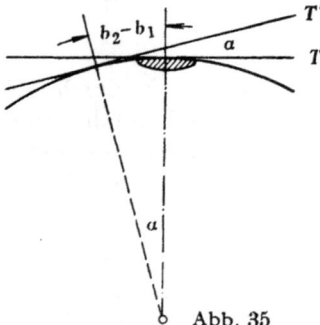

Abb. 35

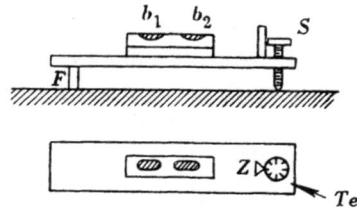

Abb. 36

Eine Libelle mit zwei Achsen ist die Doppelschlifflibelle. Sie besitzt auch zwei Teilungen.

Mit der Setzlibelle (Abb. 37) werden Gerade, beziehungsweise Ebenen, horizontal gelegt. Es ist deshalb notwendig, daß die Achse der Libelle parallel ist zum Beispiel zur Geraden, die in horizontale Lage zu bringen ist. Trifft dies nicht zu, so spricht man von einem Neigungsfehler der Libelle. Zur diesbezüglichen Untersuchung setzt man die Libelle auf eine ebene, mit Hilfe einer Schraube im lotrechten Sinne verstellbare Unterlage und bringt sie durch Drehen an dieser Schraube zum Einspielen. Daraufhin wird die Libelle umgesetzt, wobei bei vorhandenem Neigungsfehler die Libellenachse in die Lage *II* kommt, welche mit der Lage *I* derselben vor dem Umsetzen den doppelten Neigungsfehler einschließt. Der Ausschlag der Libelle wird zur Hälfte mit Hilfe der lotrechten Richtschrauben beseitigt. Damit ist der Neigungsfehler weggeschafft. Zur Beseitigung der anderen Hälfte des Ausschlages wird die Unterlage gedreht, wodurch diese horizontal gestellt wird.

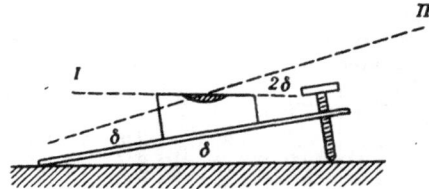

Abb. 37

Libellen, welche auf ein Fernrohr aufsetzbar sind, heißen Reitlibellen. Die Untersuchung und Berichtigung der Reitlibelle, der Doppelschlifflibelle sowie derjenigen in fester Verbindung mit dem Fernrohr, wird in dem folgenden Kapitel eingehend behandelt.

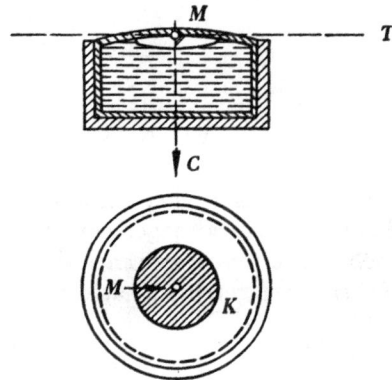

Abb. 38

Die Dosenlibelle (Abb. 38) ist ein zugeschmolzenes Glasgefäß mit einer Kugelfläche als innerer, oberer Begrenzungsfläche. Auf dieser Fläche ist mindestens ein Kreis eingerissen (der sog. Einstellkreis), dessen Mittelpunkt *M* Spielpunkt der Libellenblase ist. Die Dosenlibelle ist mit Weingeist fast ganz gefüllt. Der Dampf dieser Flüssigkeit bildet die Libellenblase. Das Glasgefäß ist zum Schutze zum Teil mit einer Metallfassung versehen. In der Zeichnung ist eine Dosenlibelle mit einer ebenen Aufsatzfläche dargestellt, die zum Horizontalstellen bestimmter Ebenen dient. Bei einspielender Libelle, d. h. wenn die Libellenblase den Punkt *M* symmetrisch umgibt, ist der Kugelhalbmesser *M C* lotrecht und die Tangentialebene *T* hat eine waagerechte Lage. Ist nun die Aufsatzfläche parallel zu *T*, so liegt sie ebenfalls horizontal, was dann ·natürlich auch für die Oberfläche der ebenen Unterlage zutrifft. Sehr oft findet die Dosenlibelle auch Verwendung zum angenäherten Senkrechtstellen der

Stehachse eines Nivellierinstrumentes oder eines Theodolits. In diesem Falle muß die Tangentialebene T auf der Stehachse des betreffenden Instrumentes lotrecht stehen. Die Untersuchung und Berichtigung dieser Art von Libellen unterscheidet sich nicht von derjenigen der Röhrenlibelle.

Beispiel für die Bestimmung des Teilwertes einer Libelle mit Hilfe von Fernrohrablesungen:

$$D = 12{,}85\ \text{m}$$

Ablesung a. d. Blasenenden		Blasen stand b_1	Ablesung a. d. Latte a_1	Ablesung a. d. Blasenenden		Blasen stand b_2	Ablesung a. d. Latte a_2	a_2-a_1 in mm	b_2-b_1	p''
0,2	8,2	4,20	1,338	12,2	20,2	16,20	1,354	16	12,0	21,4
4,8	12,9	8,85	1,345	12,4	20,3	16,35	1,355	10	7,50	21,4
0,5	8,4	4,45	1,338	7,2	15,3	11,25	1,347	9	6,80	21,2
0,0	8,0	4,00	1,336	12,2	20,2	16,20	1,353	17	12,2	22,3
									Mittel:	21,''6

$$p'' = \varrho'' \cdot \frac{a_2 - a_1}{(b_2 - b_1) \cdot D}, \quad \varrho'' = 206\,265$$

VI. NIVELLIERINSTRUMENTE

Beim Nivellieren oder Einwägen werden die lotrechten Abstände bestimmter Punkte von einer waagerechten Linie (Zielachse) ermittelt und auf diese Weise der Höhenunterschied zwischen diesen Punkten bestimmt (s. Abb. 39): $\Delta h = r - v$. Neben einer geteilten Latte brauchen wir zur Ausführung eines Nivellements

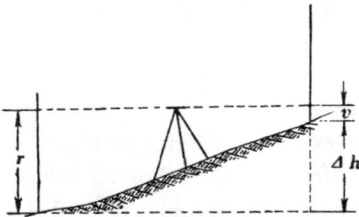

Abb. 39

deshalb vor allem ein Gerät, dessen Hauptbestandteile ein Fernrohr und eine Röhrenlibelle bilden. Im Unterbau ist der Fernrohrträger durch einen Zapfen drehbar gelagert (s. Beschreibung des Theodolits). Das Instrument wird beim Gebrauch auf einem Stativ befestigt. Zur schnellen und genauen Einstellung eines bestimmten Zielpunktes im Fernrohr besitzen die meisten Geräte dieser Art eine die Horizontaldrehung des Oberteils hemmende Klemmschraube mit Feintrieb. Zur angenäherten Lotrechtstellung der Stehachse befindet sich am Fernrohrträger beziehungsweise am Unterbau eine Dosenlibelle.

Bei einspielender Röhrenlibelle muß die Fernrohrziellinie horizontal liegen. Ob dies zutrifft, muß vor allem jeweils vor Beginn der Messung nachgeprüft werden.

Die Untersuchung bzw. Berichtigung eines Nivellierinstrumentes gestaltet sich je nach der Konstruktion verschieden.

1. Nivellierinstrument mit um seine Achse drehbarem und in den Lagern umleg-
barem Fernrohr, sowie umsetzbarer Fernrohrlibelle

Das Fernrohr kann um eine Horizontalachse gekippt werden. Deshalb besitzt
das Instrument noch eine zweite Klemmschraube mit entsprechendem Feintrieb.

Prüfung und Berichtigung

a) Die Zielachse des Fernrohrs muß mit dessen mechanischer Achse zusammenfallen.

b) Die Libellenachse muß in einer zur Lotebene durch die Fernrohrachse
parallelen Ebene liegen und parallel sein zur mechanischen Fernrohrachse.
Nach Erledigung der unter a) angegebenen Berichtigung ist sie dann auch
parallel zur Zielachse.

Zu a) Zunächst wird nach Aufstellung des Instrumentes über einem an sich
beliebigen Bodenpunkt die Stehachse mit Hilfe der Dosenlibelle ungefähr
lotrecht gestellt, das Fernrohr nach deutlicher Sichtbarmachung des Faden-

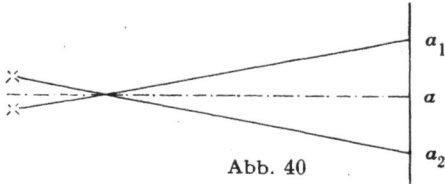

Abb. 40

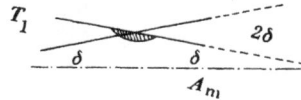

Abb. 41

kreuzes auf eine etwa in 20 Meter Entfernung aufgestellte lotrechte Nivellierlatte eingestellt und eine etwa vorhandene Parallaxe beseitigt. Nachdem man
mit Hilfe des waagerechten Mittelfadens eine Ablesung (a_1) durchgeführt hat,
wird das Fernrohr um 180° um seine mechanische Achse gedreht. Ergibt sich
nun eine von a_1 abweichende Ablesung a_2, so ist der waagerechte Mittelfaden
mit Hilfe der lotrecht wirkenden Fadenkreuz-Richtschrauben auf den Mittelwert $a = \frac{1}{2} (a_1 + a_2)$ einzustellen (s. Abb. 40).
Damit ist dieser Faden zentriert. Es ist zwar nicht unbedingt notwendig, aber
doch aus praktischen Gründen zu empfehlen, das soeben beschriebene Ver-
fahren nach Drehen des Fernrohrs um 90° auch mit dem ursprünglich senkrechten
Faden durchzuführen. Die Zielachse des Fernrohrs fällt schließlich mit dessen
mechanischer Achse zusammen, wenn beim Drehen des Fernrohrs um die
Ringachse der Fadenkreuzschnittpunkt sich stets mit demselben Punkt im
Lattenbild deckt.

Zu b) Man spricht von einem Kreuzungsfehler, wenn die Libellenachse nicht in
einer zur Lotebene durch die mechanische Fernrohrachse parallelen Ebene liegt.
Wird die Libelle, nachdem man sie zuerst zum Einspielen gebracht hat, auf
oder mit dem Fernrohr nach verschiedenen Seiten hin gedreht und zeigt sich
dabei jeweils ein Ausschlag in verschiedener Richtung, so ist ein Kreuzungsfehler vorhanden. Er wird durch sinngemäßes Drehen der horizontalen Libellenrichtschräubchen beseitigt, spielt aber nur eine untergeordnete Rolle.

Um zu prüfen, ob Libellenachse und mechanische Fernrohrachse parallel sind, bringt man die Röhrenlibelle durch Drehen an der Feinkippschraube zum Einspielen (Abb. 41). Die Libellenachse liegt jetzt horizontal (T_1). Befindet sich nun die Fernrohrachse A_m nicht in horizontaler Lage, so wird sich nach dem Umsetzen der Libelle auf dem Fernrohr (die Libellenfüße vertauschen dabei die Plätze) ein Libellenausschlag zeigen, der dem doppelten Neigungsfehler 2δ entspricht ($T_2 =$ nunmehrige Lage der Libellenachse). Mechanische Fernrohrachse und Libellenachse sind parallel, wenn der halbe Ausschlag der Libelle durch Heben bzw. Senken des einen Libellenendes mittels der entsprechenden Schrauben beseitigt wird. Jetzt sind nur noch beide Achsen zusammen durch Wegschaffen des Restausschlages der Libelle mit der Feinkippschraube in horizontale Lage zu drehen. Ist die Berichtigung genau durchgeführt, so darf sich beim neuerlichen Umsetzen der Libelle kein Ausschlag mehr zeigen. Nun liegt bei einspielender Libelle auch die Ziellinie waagerecht. Ob die Durchmesser der Lagerringe gleich sind, wird durch Umlegen des Fernrohrs unter der Libelle kontrolliert. Zeigt sich dabei ein Libellenausschlag, so sind die beiden Lagerringe nicht gleich dick. Dieser Fehler kann nur vom Mechaniker behoben werden und ist im übrigen beim heutigen Stand der Feinmechanik in den meisten Fällen so klein, daß er ohne Einfluß auf das Ergebnis eines Nivellements ist, besonders wenn jeweils aus der Mitte nivelliert wird.

2. Nivellierinstrument mit um seine Längsachse drehbarem und umlegbarem Fernrohr, aber mit diesem festverbundener Libelle

a) Das Fernrohr ist nicht kippbar

Untersuchung und Berichtigung: Die Stehachse des Instrumentes wird mit Hilfe der Dosenlibelle ungefähr senkrecht gestellt. Dann ist in bekannter Weise zu prüfen, ob die Ziellinie mit der mechanischen Achse A_m des Fernrohrs zusammenfällt. Gegenbenenfalls muß das Fadenkreuz zentriert werden.

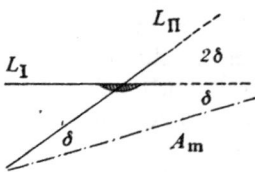

Abb. 42

Ist ein größerer Kreuzungsfehler vorhanden, so wird er beseitigt. Es folgt die Untersuchung der Parallelität zwischen Ziellinie und Libellenachse. Dabei läßt man zunächst die Libelle einspielen und zwar mit Hilfe der Fußschrauben. Dann wird sie mit dem Fernrohr umgelegt. Sind die beiden Achsen nicht parallel, so entsteht jetzt ein Libellenausschlag. (Die Lage der Fernrohrachse ist dieselbe wie vor dem Umlegen des Fernrohrs.) Wird der halbe Ausschlag an der senkrecht wirkenden Libellenschraube weggeschafft, so sind nicht nur Libellenachse und mechanische Fernrohrachse parallel, sondern auch Libellenachse und Ziellinie, nachdem die Fadenkreuzzentrierung schon durchgeführt ist.

Es ist manchmal vorteilhaft, mit genau lotrechter Stehachse zu nivellieren. Dann sind notwendig:

α) Die Feststellung der senkrechten Lage der Libellenachse gegenüber der Stehachse bzw. Herstellung derselben (s. Beseitigung des Aufstellungsfehlers beim Theodolit).

β) Die Untersuchung, ob bei lotrechter Stehachse die Ziellinie horizontal liegt bzw. entsprechende Berichtigung.

Das Fernrohr wird auf eine lotrechte Latte gerichtet (Abb. 43) und eine Lattenablesung durchgeführt (a'_1). Nach einer Drehung des Fernrohrs um 180^0 um seine mechanische Achse, lesen wir an derselben Latte den Wert a''_1 ab, falls das Fadenkreuz nicht zentriert ist.

Wird nun das Fernrohr in den Lagern umgelegt, das Instrument um die Stehachse gedreht und wiederum die Latte angezielt (Lage II der Ziellinie), so mögen sich vor und nach einer Drehung des Fernrohrs um die mechanische Achse die Ablesungen a'_2, a''_2 ergeben. Die mechanische Fernrohrachse liegt in beiden Fällen symmetrisch zur Horizon-

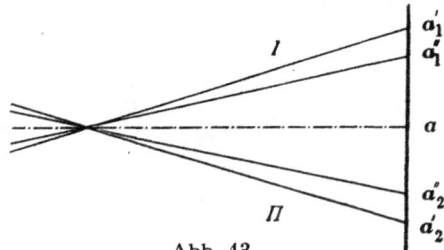

Abb. 43

talen, denn der Oberteil des Instrumentes wurde um eine Senkrechte gedreht. Wird bei nach wie vor einspielender Libelle das Fadenkreuz so verschoben, daß sein Schnittpunkt sich mit dem Wert: $a = \frac{1}{4} (a'_1 + a''_1 + a'_2 + a''_2)$ im Lattenbild deckt, so ist die Ziellinie horizontal.

b) Das Instrument besitzt zur gleichzeitigen Neigung von Fernrohr und Libelle eine Feinkippschraube

In den meisten Fällen ist die Berichtigung genügend, wenn das Fadenkreuz zentriert ist und Ziellinie und Libellenachse parallel sind. Dies wird genau so untersucht, wie wir es bei demselben Instrument ohne Kippschraube soeben kennengelernt haben.

Soll außerdem die zur Libellenachse parallele Ziellinie auch senkrecht sein zur Stehachse, so ist als letztes die diesbezügliche Untersuchung wie beim Theodolit (Aufstellungsfehler) durchzuführen. Die Beseitigung eines etwaigen Fehlers geschieht mit Hilfe der Feinkippschraube.

3. Nivellierinstrument mit drehbarem, jedoch nicht umlegbarem Fernrohr und mit diesem festverbundener Doppelschlifflibelle, ohne bzw. mit Kippschraube

α) Die Beseitigung einer etwa vorhandenen Fadenkreuzexzentrizität bzw. eines Kreuzungsfehlers erfolgt in bekannter Weise.

Um die Parallelität zwischen Ziellinie und Libellenachse nachzuprüfen, stellt man das Fernrohr auf eine Latte ein und führt an dieser bei einspielender Libelle eine Ablesung durch. Die Lage der Libellenachse sei I. Dann wird das Fernrohr um 180^0 gedreht und bei einspielender Libelle ein zweites Mal an der Latte abgelesen. *II* ist die Lage der Libellenachse T_2 (s. Abb. 44). Sind beide Ablesungen gleich, so ist die Ziellinie parallel zu T_1 und T_2. Ergeben sich aber in beiden Fällen verschiedene Werte, so wird durch Drehen an der gerade wirksamsten Fußschraube (bei vorhandener Feinkippschraube an dieser) die Mittelablesung herbeigeführt.

Nun entsteht ein Libelenausschlag, der an den lotrechten Libellenricht-schrauben wegzuschaffen ist, womit erreicht ist, daß Libellenachsen und Ziel-linie parallel sind.

Bei der Beschreibung dieser Untersuchung wurde angenommen, daß die beiden Libellenachsen genügend genau parallel sind. Dies trifft auch beim heutigen Stand der Technik ohne weiteres zu.

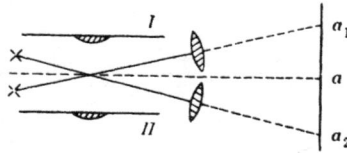 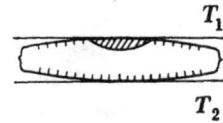

Abb. 44   Abb. 45

b) Es sei nun noch die Prüfung bzw. Berichtigung dieses Instrumentes für den Fall besprochen, daß es eine Feinkippschraube besitzt und außer der Faden-kreuzzentrierung und Parallelität zwischen Ziellinie und Libellenachsen aus praktischen Gründen Senkrechtstellung der Ziellinie zur Stehachse vorge-schrieben ist.

Man beginnt wieder mit der Untersuchung der zentrischen Lage des Faden-kreuzes. Die Parallelstellung von Ziellinie und Libellenachsen ist wie unter 3a durchzuführen. Schließlich ist zu untersuchen, ob die Umdrehungsachse des Instrumentes senkrecht zu den Libellenachsen steht. Ist dies nicht der Fall, so wird der Fehler durch Drehen an der Feinkippschraube weggeschafft.

4. *Nivellierinstrument mit drehbarem und umlegbarem Fernrohr. Röhrenlibelle in fester Verbindung mit dem Fernrohrträger*

Untersuchung und Berichtigung:

a) Nach Aufstellung des Instrumentes mit annähernd senkrechter Stehachse wird das Zusammenfallen von mechanischer Achse und Ziellinie nachgeprüft.

b) Nun muß mit Hilfe der Röhrenlibelle die Stehachse genau senkrecht ge-stellt werden. Um welchen Betrag man auch den Oberteil des Instrumentes jetzt um die Umdrehungsachse bewegt, immer wird die Röhrenlibelle ein-spielen.

c) Ist die Ziellinie nicht parallel zur Libellenachse, so liest man vor und nach dem Umlegen des Fernrohrs an einer Latte verschiedene Werte ab. Wird in diesem Falle unter Beibehaltung der waagerechten Lage der Libellenachse die Ablesung des arithmetischen Mittels herbeigeführt (womöglich durch Heben bzw. Senken eines Fernrohrlagers), so hat auch die Ziellinie eine horizontale

Lage. Evtl. muß das Fadenkreuz im lotrechten Sinne so lange verschoben werden, bis die Mittelablesung erscheint.

In diesem Falle hat es natürlich keinen Sinn, das Fadenkreuz zu zentrieren. Die exzentrische Lage des Fadenkreuzes hat auf das Ergebnis der Messung keinen fehlerhaften Einfluß, wenn die Stellung des Fernrohrs nach durchgeführter Berichtigung beibehalten wird.

5a. Nivellierinstrument mit fest miteinander verbundenen Bestandteilen

Das Fernrohr ist also weder drehbar noch umlegbar. Lediglich eine Drehung des Oberteils des Instrumentes um die Stehachse ist möglich. Das Gerät ist berichtigt, wenn

α) bei lotrechter Stehachse die Libellenachse waagerecht liegt,
β) Ziellinie und Libellenachse parallel sind.

Ergibt sich bei der Untersuchung der senkrechten Lage der Stehachse zur Libellenachse, daß diese nicht zutrifft, so ist eine Berichtigung durchzuführen, die sich in nichts unterscheidet von der Beseitigung des Aufstellungsfehlers beim Theodolit. Das Instrument sei im Punkte J_1 aufgestellt (Abb. 46). Um zu kontrollieren, ob Ziellinie und Libellenachse parallel sind, zielt man eine in A stehende Nivellierlatte an und macht bei einspielender Libelle eine Ablesung (a_1). Dann wird die Latte in einem Punkt

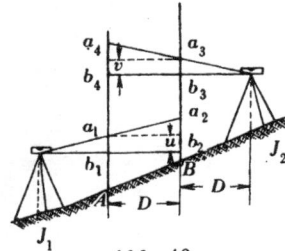

Abb. 46

B aufgestellt und wiederum bei einspielender Libelle abgelesen (a_2). Jetzt ist das Instrument über einen Punkt J_2 zu bringen, der von B die Entfernung D hat (D = Abstand der Lattenstandpunkte) und in der Lotebene durch J_1, A, B liegt.

Von hier aus mögen sich bei einspielender Libelle an der zuerst in B, dann wiederum in A stehenden Latte die Ablesungen a_3 bzw. a_4 ergeben. Der Wert b_4, den wir bei horizontaler Zielachse abgelesen hätten, kann mit a_1, a_2, a_3 errechnet werden.

$$b_4 = b_1 - b_2 + b_3 \quad \text{(1.) aus Abb. 46 unmittelbar abzulesen.}$$
$$b_1 = a_1 - u \quad \text{(2a)}$$
$$b_2 = a_2 - u - v \quad \text{(2b)}$$
$$b_3 = a_3 - v \quad \text{(2c) Werden die nach den Gl. (2a, b, c) erhaltenen}$$
$$\text{Werte in Gl. (1.) eingesetzt,}$$

so erhält man: $b_4 = a_1 - u - (a_2 - u - v) + a_3 - v$
$$\underline{\underline{b_4 = a_1 - a_2 + a_3}} \quad \text{(3.)}$$

Der Fehler wird beseitigt, wenn man das Fadenkreuz des noch in J_2 stehenden Nivellierinstrumentes (unter Beachtung des Einspielens der Libelle) so weit verschiebt, daß an der Latte in A der Wert b_4 abgelesen wird.

31

5b. Fernrohr und Libelle sind zusammen um eine horizontale Achse kippbar.
Im übrigen trifft die Beschreibung wie unter 5a zu.

Da es bei Durchführung eines Nivellements mit diesem Instrument meistens genügt, wenn die Stehachse des Instrumentes annähernd senkrecht steht, so besteht die Untersuchung bzw. Berichtigung nur in der Feststellung, ob Ziellinie und Libellenachse eine parallele Lage haben, bzw. in der Herstellung dieser Lage. Dies geschieht in derselben Weise wie bei dem soeben in Kapitel 5a besprochenen Gerät.

Bei vielen modernen Nivellierinstrumenten wird mittels eines Prismensystems die Hälfte der Libellenblase (in der Längsrichtung genommen) in das Gesichts-

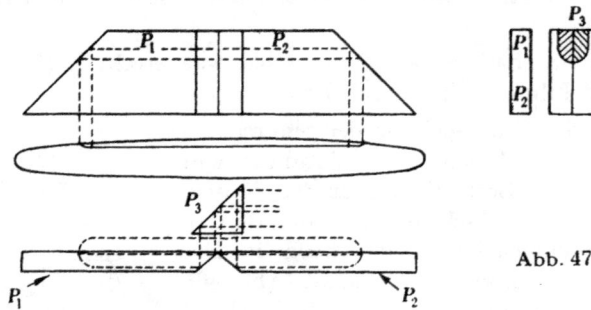

Abb. 47

feld einer besonderen Ableselupe gespiegelt. In Abb. 47 ist ein derartiges System von Prismen dargestellt und zwar mit einspielender Libelle in Ansicht, Draufsicht und Seitensicht. Dort ist der Gang der von der Libellenblase kommenden Lichtstrahlen für zwei Punkte einkonstruiert. Wie daraus zu ersehen ist, werden die entsprechenden Strahlen je dreimal reflektiert, bis sie in das Gesichtsfeld der Lupe treten. Ergänzen sich die durch die Ableselupe zu betrachtenden Bilder der beiden Blasenenden zu einem Halbkreis, so spielt die Libelle ein. Die Zeichnungen zeigen andererseits deutlich, daß bei Nichteinspielen der Libelle kein volles Blasenbild entstehen kann.

Durch diese Vorrichtung ist vor allem ein parallaxenfreies Beobachten des Libellenstandes gewährleistet. Außerdem kann das Einspielen der Libelle und das Ablesen an der Latte vom gleichen Standpunkt ausgeführt werden. Auch erübrigt sich das Anbringen einer Teilung auf dem Libellenkörper. Dieser trägt lediglich zwei rote Striche, welche, bei richtiger Lage der Prismen durch die Ableselupe betrachtet, in gegenseitiger Verlängerung sein müssen. Das Prismensystem kann durch Öffnen zweier Befestigungsschrauben in der Längsrichtung und auch seitlich etwas verschoben werden.

Eine ausführliche Beschreibung dieser Art von Libellenablesung gibt die Abhandlung: Neue Nivellierinstrumente von Wild, Z. f. I. 1909.

Nivellierlatten

Diese sind aus trockenem Tannenholz gefertigt, in vielen Fällen zusammenklappbar und tragen eine Teilung, die in Zentimetern ausgeführt ist, mit Bezifferung der Dezimeter. Es finden hierbei Strich- und Felderteilungen Verwendung. Sehr vorteilhaft sind die Latten mit doppelreihigen Felderteilungen. Hier kann stets mit dem schwarzen Faden in einem weißen Feld abgelesen werden. Dies bringt eine bedeutende Einschränkung der Schätzungsfehler. Zum Schutze vor Beschädigungen sind die Nivellierlatten am unteren Ende mit einer Metallkappe versehen. Der Nullpunkt der Lattenteilung liegt meist in der ebenen Aufsatzfläche. Es ist dies aber nicht unbedingt notwendig, solange man bei einem Nivellement ein und dieselbe Latte verwendet. Um die Latte bequem und ruhig halten zu können, sind an ihr zwei Handgriffe fest oder besser abschraubbar angebracht. Zum Lotrechtstellen dient eine Dosenlibelle. Vor Beginn der Arbeit ist stets zu prüfen, ob diese Libelle bei mit Hilfe eines Senkels lotrecht gestellter Latte einspielt. Gegebenenfalls ist eine entsprechende Berichtigung vorzunehmen.

Oft finden zum Schutze vor groben Ablesefehlern sogenannte Wendelatten Verwendung. Diese tragen auf zwei Seiten je eine Teilung.

Unter dem Einfluß von Wärme- und Feuchtigkeitsschwankungen der Luft ist die Änderung der Lattenlänge mitunter ganz bedeutend. Es muß deshalb die Länge eines Lattenmeters während der Messung einer Kontrolle unterzogen werden. Dazu dient ein Normalmaßstab aus Stahl, der etwas mehr als ein Meter lang ist. An seinen beiden Enden sind im Abstand von normalerweise 1 Meter zwei Striche eingeritzt. Damit die Länge des Lattenmeters ermittelt werden kann, muß der Normalmaßstab außer den Endstrichen eine Überteilung tragen.

Wird ein Fest- bzw. Höhenpunktnivellement durchgeführt, so muß die Latte in den sogenannten Wechselpunkten jeweils auf eine fest in den Boden getretene Unterlagsplatte aus Eisen gestellt werden, wenn nicht gerade vorhandene Grenzsteine, Treppenstufen, fest in den Erdboden geschlagene Pflöcke usw. eine sichere Unterlage für die Latte bieten.

VII. INSTRUMENTE ZUR MESSUNG VON BELIEBIGEN HORIZONTAL- UND HÖHENWINKELN

1. Die Winkeltrommel

Dieses Gerät (Abb. 48) besteht aus zwei Metallhohlzylindern Z_1 und Z_2 mit gemeinsamer Achse. Die Büchse Z_1 trägt eine Kreisteilung und besitzt ein Ansatzstück zum Anschrauben des Stockstatives. In die Mantelfläche des mit Spalten versehenen oberen Zylinders, welcher gegen den unteren um die gemeinsame Achse gedreht werden kann, ist ein Strich eingeritzt, der als Ablesezeiger an der erwähnten Kreisteilung dient. Je zwei diametrale Spalten geben zusammen ein Diopter. Mit der Winkeltrommel, welche auch mit einer

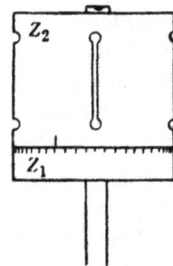

Abb. 48

Dosenlibelle ausgestattet ist, kann also die Absteckung beliebiger Winkel durchgeführt werden.

2. Die Bussole

Erklärung zu den in der Abbildung 49 eingetragenen Zeichen:

MM = magnetischer Meridian a = Richtungswinkel
AM = astronomischer Meridian δ = Deklination oder Mißweisung
w = magnetischer Streichwinkel β = Nadelabweichung
a = Azimut γ = Meridiankonvergenz.

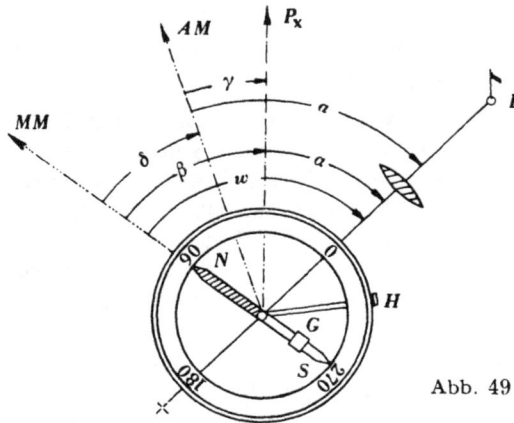

Abb. 49

Hauptteil der Bussole ist eine Magnetnadel, welche auf einer als Pinne bezeichneten Stahlspitze schwingt. Das Lot durch diese Spitze geht durch den Mittelpunkt einer bei der Messung horizontalliegenden Kreisteilung, an welcher mittels der beiden Enden N und S der Nadel die Ablesungen ausgeführt werden. Zur Kontrolle der horizontalen Lage der Kreisteilung dient eine Dosenlibelle. Mit Hilfe des Gleitstückes G kann die Magnetnadel, wenn notwendig, horizontal gelegt werden. Um Beschädigungen zu vermeiden, muß die Nadel vor dem Transport des Instrumentes von der Stahlspitze abgehoben und gegen den Glasdeckel gepreßt werden. Dies geschieht durch Drehen einer Schraube H (s. Abb. 49).
Bei der Bussole hat der Zeiger immer dieselbe Richtung, während der Kreis bei jeder neuen Punkteinstellung gedreht wird. Das ist der Grund dafür, daß die Kreisteilung gegen den Uhrzeigersinn läuft. Je nach der Art der Verwendung unterscheiden wir:

a) Den Freihandkompaß mit einem einfachen Diopter als Zielvorrichtung.
b) Den Stockkompaß; auch hier geschieht die Zielung mit einem Diopter.
c) Die Bussole mit Dreifuß, Zielfernrohr und Stativ.
d) Die Aufsatzbussole.

Für vermessungstechnische Arbeiten kommt hauptsächlich das unter c genannte Instrument in Betracht. Wie aus der Abbildung 49 zu ersehen ist, liegt der Nullhalbmesser der Teilung in der Zielebene. Wird zum Beispiel der Punkt P angezielt, so liest man am Nordende der Magnetnadel den **magnetischen Streichwinkel** w ab. Dieser Winkel unterscheidet sich vom Richtungswinkel α um den Betrag β, die Nadelabweichung und vom astronomischen Azimut a um die magnetische Deklination δ. Zwei Fehler können nun die Ablesung fälschen. Meistens wird der Nullhalbmesser der Teilung nicht genau in der Zielebene liegen und auch eine Abweichung der geometrischen Nadelachse vom magnetischen Meridian ist möglich.
Über die Ausschaltung des Einflusses dieser Fehler auf das Messungsergebnis s. Kapitel: Bussolentachymeter.

3. Der Theodolit

B = Dreifußbüchse
K = Kreisscheibe
A = Alhidade
Z = Alhidadenzapfen
S = Limbus mit Kreisteilung
H = Silberstreifen m. Hilfsteilung
A_z = Zielachse
A_k = Kippachse
A_s = Stehachse = Alhidadenachse.

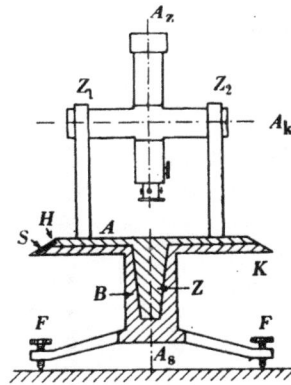

Abb. 50

Das wichtigste Instrument zur Messung von beliebigen Horizontal- und Höhenwinkeln ist der Theodolit. Der Oberteil des Instrumentes, in einfachster Ausführung bestehend aus Alhidade, Fernrohrstützen und Fernrohr, ist um die Achse des Alhidadenzapfens innerhalb der Dreifußbüchse B drehbar. Diese trägt die Kreisscheibe K mit dem Limbus, einem Silberstreifen, auf dem sich die Kreisteilung befindet. Um Winkelablesungen am Teilkreis durchführen zu können, muß die Alhidade mit mindestens einer Ablesevorrichtung versehen sein.
Meistens dienen dazu zwei Nonien, das sind Hilfsteilungen, welche ebenfalls auf Silberstreifen aufgetragen sind und deren Nullpunkte auf einem Durchmesser der Alhidade liegen. Während beim einfachen Theodolit die Kreisscheibe mit dem Dreifußgestell in fester Verbindung steht, ist beim Theodolit mit

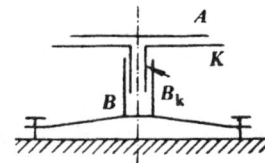

Abb. 51

einem zweifachen Achsensystem (Repetitionstheodolit) die die Kreisscheibe tragende Büchse B_K um die Kreisachse innerhalb der Dreifußbüchse mitsamt der Alhidade drehbar. Alhidadenachse und Kreisachse sollen zusammenfallen.
Wenn ein bestimmter Zielpunkt im Fernrohr eingestellt ist, dürfen bis zur Beendigung der Ablesung Alhidade und Kreis nicht mehr gedreht werden.

Deshalb sind Klemmschrauben vorhanden. Zur genaueren Punkteinstellung dienen sogenannte Feinbewegungsschrauben.

Jeder Theodolit hat außer einer Dosenlibelle zur Lotrechtstellung der Alhidadenachse noch eine Röhrenlibelle. Befindet sich diese auf der Alhidade, so heißt sie Alhidadenlibelle. Ist sie an den Fernrohrstützen angebracht, so spricht man von einer Stützenlibelle. Eine auf der Kippachse umsetzbare Reitlibelle wird als Kippachsenlibelle bezeichnet. Oft besitzt der Theodolit noch zusätzlich eine Libelle auf dem Fernrohr. Das Fernrohr des Theodolits kann entweder durchgeschlagen oder umgelegt werden. Es ist durchschlagbar, wenn es beliebig um die Kippachse gedreht werden kann.

Beim Umlegen des Fernrohrs wechseln die beiden Kippachsenzapfen $Z_1 Z_2$ ihre Lager. Dabei wird das Fernrohr um seine Längsachse gedreht.

Die wichtigste Ablesevorrichtung: Der Nonius

Der fast ausschließlich verwendete sogenannte nachtragende Nonius ist eine Hilfsteilung mit der Eigenart, daß die n Teile $(n — 1)$ Teilen H der Hauptteilung T entsprechen. Die Bezifferung beider Maßstäbe verläuft im gleichen Sinne.

$$n \cdot N = (n — 1) \cdot H$$
$$n \cdot N = n \cdot H — H$$
$$N = H — \frac{H}{n}$$
$$H — N = \frac{H}{n}, \quad H — N \text{ heißt Noniusangabe.}$$

In Abb. 52 deuten die gestrichelten Linien eine Teilung an, deren Striche denselben Abstand voneinander aufweisen, wie diejenigen der unteren Teilung T. Um nun daraus einen Nonius zu konstruieren, auf dessen Länge von 20 gleichen Teilen 19 Teile der Hauptteilung treffen, muß jeder Strichabstand der oberen Teilung um $1/20$ des Strichabstandes von T verkürzt werden.

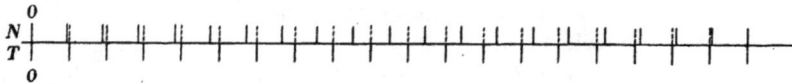

Abb. 52

Es ist nun ganz klar, daß nach der Verschiebung des so erhaltenen Hilfsmaßstabes (s. Abb. 52) nach rechts etwa bis sein sechster Strich mit dem zunächst gelegenen der Teilung T zusammenfällt, die Nullmarke des Nonius um $6/20$ des Strichabstandes der Hauptteilung von ihrer Ausgangslage entfernt ist.

An Hand der Abb. 53 sei die Kreisablesung mit Hilfe des Nonius erläutert. Zu-

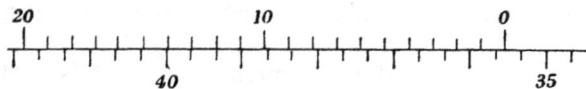

Abb. 53

nächst wird der Wert des unmittelbar rechts vom Nonius *0* befindlichen Striches der Hauptteilung bestimmt.

Also in diesem Falle: $35^0\ 20'$.

Zur Bestimmung der Restablesung R sucht man jenen Noniusstrich, der mit einem Strich der Kreisteilung zusammenfällt. Das ist hier der Zwölfte Also ist:

$R = {}^{12}/_{20}$ eines Teiles des unteren Maßstabes.

$R = 12'$ Gesamtablesung: $35^0\ 32'$

Berichtigung des Theodolits

Steht die Alhidadenachse A_s nicht lotrecht, so ist ein sogenannter Aufstellungs-fehler vorhanden, der in jedem Falle genauestens zu beseitigen ist. Mit einem Zielachsenfehler ist das Instrument behaftet, wenn die Ziellinie nicht senkrecht steht auf der Kippachse. Diese soll bei lotrechter Alhidadenachse waagrecht liegen. Andernfalls spricht man von einem Kippachsenfehler.

Ziel- und Kippachsenfehler sind bei der Horizontalwinkelmessung in zwei Fern-rohrlagen ohne Einfluß auf das Messungsergebnis (siehe Beispiel am Ende des Kapitels). Sie müssen also in diesem Falle nicht unbedingt weggeschafft wer-den. Ihre Beseitigung empfiehlt sich aber aus praktischen Gründen immer dann, wenn sie mehrere Minuten überschreiten. Die Auswertung der Messungsergeb-nisse wird dann bedeutend einfacher.

Erste Annahme: Der Theodolit besitzt eine Alhidadenlibelle

a) Bestimmung und Beseitigung des Aufstellungsfehlers. Unter dem Aufstellungs-fehler v ist jener Winkel zu verstehen, den die Alhidadenachse mit dem Lot bildet (Abb. 54). Die Projektion A_1 der schiefen Alhidadenachse auf eine beliebige Lotebene E_1 schließt mit dem Lot den Winkel a_1 ein, ihre Projektion A_2

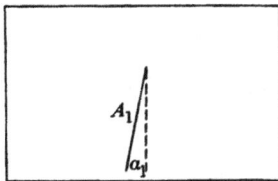

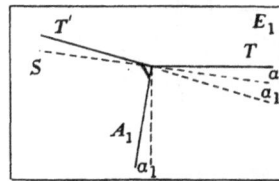

Abb. 54   Abb. 55

auf eine zur ersten senkrechten Ebene bildet mit der Senkrechten einen Winkel a_2.

Die Bestimmung des Aufstellungsfehlers beginnt mit dem angenäherten Lot-rechtstellen der Alhidadenachse mit Hilfe der Dosenlibelle. Dann wird die Längs-achse der Alhidadenröhrenlibelle ungefähr in parallele Lage zur Lotebene durch zwei Fußschrauben und mit Hilfe dieser Schrauben zum Einspielen gebracht. Abb. 55 zeigt die Projektion A_1 der Alhidadenachse auf die Lotebene durch T (Ebene E_1). Nun ist der Oberteil des Instrumentes um die im Raum schief-liegende Alhidadenachse (Annahme) um 180^0 zu drehen. T' ist die Lage der

Libellenachse nach diesem Vorgang. Die beiden Geraden T u. T' schließen miteinander den Winkel $2a_1$ ein, und es entsteht ein Libellenausschlag, welcher zur Hälfte mit den Libellenrichtschräubchen wegzuschaffen ist. Der Rest wird durch Drehen der beiden erwähnten Fußschrauben des Instrumentes beseitigt. Libellen- und Alhidadenachse sind jetzt auf jeden Fall senkrecht zueinander. Aber die Alhidadenachse kann noch im Raume schief liegen, d. h. sie kann sich nunmehr in einer zur Ebene E_1 senkrechten Ebene befinden, und mit dem Lot einen Winkel a_2 einschließen. Dies zeigt sich bei einer neuerlichen Drehung des Instrumentes um 90⁰. Ist ein Fehler a_2 entsprechend der Lage T'' der Libellenachse (s. Abb. 56) vorhanden, so entsteht wieder ein Libellenausschlag, welcher aber jetzt ganz an der 3. Fußschraube zu beseitigen ist, denn wir dürfen nur noch Libellen- und Alhidadenachse zusammen drehen, nachdem beide schon senkrecht zueinander sind.

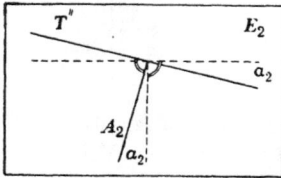

Abb. 56

Wir haben somit erreicht, daß bei einspielender Libelle, also waagerecht liegender Libellenachse die Stehachse lotrecht ist. Selbstverständlich muß die Libelle jetzt nach jeder beliebigen Drehung des Instrumentes einspielen. Dies

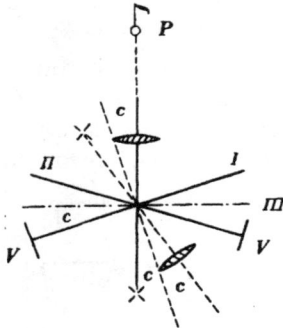

Abb. 57

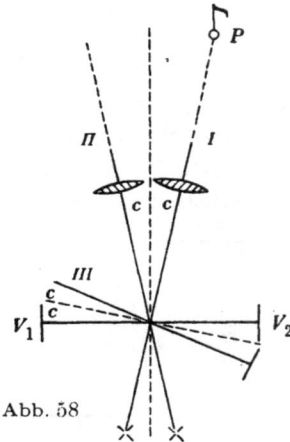

Abb. 58

ist eine Kontrolle für das Gelingen der Berichtigung. Bei vorhandenem größeren Aufstellungsfehler wird zu seiner vollständigen Beseitigung eine Wiederholung des beschriebenen Verfahrens notwendig sein.

b) Bestimmung und Beseitigung des Zielachsenfehlers. Es wird nach Lotrechtstellung der Alhidadenachse irgendein ungefähr in Instrumentenhöhe befindlicher, gut sichtbarer Punkt im Fernrohr eingestellt und an einem Nonius die Horizontalkreisablesung a_1 durchgeführt. Ist das Fernrohr durchschlagbar, so dreht man es um die Kippachse und zugleich den Oberteil des Theodolits um die Stehachse solange, bis der ursprünglich eingestellte Punkt wieder angezielt ist. Die nunmehrige Ablesung am selben Nonius sei a_2. Ist kein Zielachsenfehler vorhanden, so dürfen die beiden Ablesungen nur um 180° verschieden sein. Bei vorhandenem Fehler dagegen wird nach Abb. 57 ganz offensichtlich nach dem Durchschlagen des Fernrohrs bis zur neuerlichen Einstellung von P eine Drehung um den Betrag 180° + 2c (im Uhrzeigersinn) durchgeführt und die Kippachse kommt in die Lage II. Also ist: $a_2 = a_1 + 180° + 2c$.

Der Zielachsenfehler wird nun dadurch weggeschafft, daß man zunächst $a = \frac{1}{2}(a_1 + a_2 \pm 180°)$ durch Drehen an der Alhidadenfeinbewegungsschraube einstellt. (Die Kippachse kommt in Lage III.) Natürlich ist jetzt P nicht mehr eingestellt. Nun wird das Fadenkreuz seitlich soweit verschoben bis dies zutrifft. Ist das Fernrohr zum Umlegen eingerichtet, so kann der Zielachsenfehler auf folgende Art und Weise ermittelt und beseitigt werden. Nach Aufstellung des Instrumentes wird bei lotrechter Stehachse irgendein ungefähr im Instrumentenhorizont befindlicher, markanter Punkt angezielt (Lage I der Ziellinie in Abb. 58) und die entsprechende Horizontalkreisablesung etwa mit dem Nonius I durchgeführt. Man legt nun das Fernrohr in den Kippachsenlagern um. Ist ein Zielachsenfehler vorhanden, so kommt die Ziellinie in die mit II bezeichnete Lage. Die Kreisablesung ist immer noch dieselbe. Zur Ermittlung des Fehlers wird P durch Drehen des Oberteils des Instrumentes um die Stehachse wieder eingestellt. Jetzt befindet sich die Kippachse in Lage III und die zugehörige Ablesung am Horizontalkreis ist: $a_2 = a_1 + 2c$. Um den Zielachsenfehler c zu beseitigen, stelle ich durch Drehen der Alhidade den Mittelwert am Kreis ein. Nach dieser Bewegung ist der Punkt P nicht mehr eingestellt. Man zielt ihn wieder an durch entsprechendes Verschieben des Fadenkreuzes im horizontalen Sinne. Jetzt stehen Zielachse und Kippachse senkrecht aufeinander.

c) Zur Feststellung und Beseitigung eines etwa vorhandenen Kippachsenfehlers wird ein freihängendes Lot bei angenähert waagerechter Ziellinie im Fernrohr eingestellt. Dreht man nun das Fernrohr um die Kippachse, so muß, wenn diese waagerecht liegt, der Fadenkreuzschnittpunkt sich mit einem Punkt des Lotes decken. Trifft dies nicht zu, so ist ein Kippachsenzapfen in seinem Lager zu heben bzw. zu senken, so daß auch bei starker Neigung des Fernrohrs das Lot eingestellt ist. Nun besitzt die Kippachse bei lotrechter Stehachse eine waagerechte Lage.

Eine zweite Methode zur Bestimmung dieses Fehlers sei im folgenden beschrieben. Bei vorhandenem Kippachsenfehler wird nach Anzielen eines hochgelegenen Punktes P bei lotrechter Alhidadenachse die Ziellinie beim Kippen des Fernrohrs nach unten eine im Raum schief liegende Ebene beschreiben. Wird die Zielebene mit einer Lotebene durch P zum Schnitt gebracht, so ergibt sich die Schnittgerade S_1.

Bei waagrechter Zielung wird die Ziellinie den Punkt P_1 enthalten. (Siehe Abb. 59.)

In Abb. 59 gibt Z_1 diese Lage der Ziellinie in der Draufsicht an. Die zugehörige Ablesung am Horizontalkreis sei a_1. Nach dem Durchschlagen des Fernrohrs, Drehen des Oberteils vom Theodolit bis zur Wiedereinstellung von P und Kippen des Fernrohrs bis zur waagerechten Lage der Ziellinie, ist diese nach dem Punkt P_2 gerichtet. (Die Zielachse kommt in die Lage Z_2). Am horizontalen Treilkreis wird jetzt der Wert a_2 abgelesen. (An demselben Nonius!) Aus Abb. 59 ist deutlich zu ersehen, daß nach dem Durchschlagen des Fernrohres eine Instrumentendrehung um den Betrag $180^0 + \beta$ stattgefunden hat. Also ist: $a_2 = a_1 + 180^0 + \beta$.

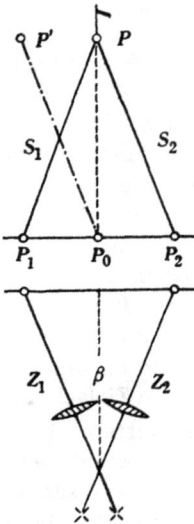

Abb. 59

Nachdem der Wert $\dfrac{a_1 + a_2}{2}$ am Horizontalkreis durch Drehen der Alhidadenfeintriebschraube eingestellt ist, zeigt die Ziellinie in waagerechter Lage nach dem Punkt P_0, welcher im Lot durch P liegt. Beim Kippen ist ein Punkt P' eingestellt. Die Kippachse liegt horizontal nach Heben bzw. Senken eines Kippachsenlagers bis zur Einstellung von P.

Bei dieser Art der Berichtigung ist demnach der Arbeitsgang kurz folgender: Nach Einstellen eines Hochpunktes im Fernrohr wird die Ablesung am Horizontalkreis durchgeführt (a_1), das Fernrohr durchgeschlagen, nach einer Drehung um die Alhidadenachse der Punkt wieder angezielt und mit dem zuerst benützten Nonius neuerdings am Kreis abgelesen (a_2). Daraufhin dreht man an der Alhidadenfeinstellschraube so lange, bis die Kreisablesung:

$$\frac{(a_1 \pm 180^0) + a_2}{2}$$

erscheint. P liegt natürlich jetzt nicht mehr in der Ziellinie. Dieser Punkt ist nun wieder einzustellen durch Heben bzw. Senken eines Kippachsenlagers.

Zweite Annahme: Der Theodolit hat nur eine Kippachsenlibelle. In diesem Falle muß bei der Berichtigung als erstes untersucht werden, ob Libellenachse und Kippachse parallel sind. Zu diesem Zweck läßt man die Libelle mit Hilfe zweier Fußschrauben einspielen und setzt sie dann um. Kommt nun die Libellenblase wieder in dieselbe Lage, so ist die Unterlage, also in diesem Falle die Kippachse, waagerecht. Andernfalls ist die Hälfte des Ausschlages der Libelle mit deren senkrecht wirkenden Richtschrauben und der Rest mit Hilfe der Fußschrauben des Instrumentes zu beseitigen. Sind Libellen- und Kippachse parallel, so liegt bei einspielender Libelle die Kippachse horizontal. Als nächstes ist ein etwaiger Aufstellungsfehler zu ermitteln und zu beseitigen. Zur Durchführung dieser Aufgabe dreht man den Oberteil des Theodolits so, daß die Libelle annähernd parallel zur Verbindungslinie zweier Fußschrauben liegt und bringt sie damit zum Einspielen. Ein nach einer Drehung um die Stehachse um 180^0 sich zeigender Libellenausschlag wird zur Hälfte mit den genannten Fußschrauben weggeschafft. Der verbleibende Teilausschlag ist durch Heben oder Senken eines Kippachsenlagers zu beseitigen.

NB: An den senkrecht wirkenden Richtschrauben der Libelle darf nicht mehr gedreht werden, sonst sind Libellen- und Kippachse nicht mehr parallel!

Schließlich wird eine Alhidadendrehung um 90° durchgeführt und die Libelle mit der dritten Fußschraube zum Einspielen gebracht. — Die Ermittlung und Beseitigung des Zielachsenfehlers geschieht nach der bereits beschriebenen Methode. — Das Ergebnis einer Winkelmessung mit dem Theodolit kann auch durch den sogenannten Exzentrizitätsfehler sowie den Knickungsfehler der Alhidade gefälscht werden. Die Alhidadenachse muß den Kreismittelpunkt enthalten, sonst liegt sie exzentrisch. Dieser Fehlereinfluß wird ausgeschaltet durch Ablesen an zwei gegenüberliegenden Zeigern in einer Fernrohranlage oder auch durch Winkelbeobachtung in zwei Fernrohrlagen (Durchschlagen) und jeweilige Mittelbildung. (S. Beispiel am Schluß des Kapitels.) Auf die zuletzt genannte Art und Weise kann der Knickungsfehler der Alhidade ausgeschaltet werden. Dieser ist vorhanden, wenn die Verbindungslinie der beiden Ablesezeiger nicht durch die Alhidadenachse geht.

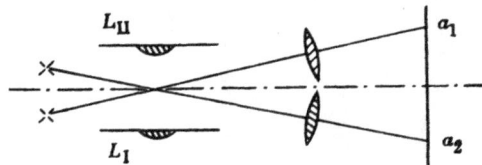

Abb. 60

Bei der Bestimmung der Winkel nach dieser Methode ist das Messungsergebnis auch dann richtig, wenn die Zielachse exzentrisch, d. h. die Alhidadenachse nicht in der Lotebene durch die Ziellinie liegt. Werden die Winkel mit dem Theodolit in mehreren Sätzen, d. h. wiederholt gemessen und zwar in der Weise, daß jeweils an verschiedenen Stellen des Kreises abgelesen wird, so können etwa vorhandene Kreisteilungsfehler keinen nennenswerten Einfluß auf das Ergebnis der Beobachtung ausüben.

Ist der Theodolit mit einem Vertikalkreis ausgestattet, also auch zur Höhenwinkelmessung bestimmt, so muß in den meisten Fällen der sogenannte Zeigerfehler v_z ermittelt und beseitigt werden, der dann vorhanden ist, wenn bei lotrechter Stehachse und waagerechter Ziellinie am Höhenkreis nicht 0° bzw. 90° abgelesen wird. Bei der Bestimmung dieses Fehlers wäre, falls das Instrument eine Fernrohrlibelle besitzt, zunächst zu untersuchen, ob Ziellinie und Libellenachse parallel sind.

Haben wir es mit einer Doppelschlifflibelle zu tun, so läßt man sie einspielen und liest an einer lotrechten Nivellierlatte mit Hilfe des waagerechten Mittelfadens ab (a_1) (siehe Abb. 60).

Die Libellenachse befindet sich in der Lage I. Nach dem Durchschlagen des Fernrohrs und Drehen um die Alhidadenachse wird die Latte neuerdings angezielt und zwar wiederum bei einspielender Fernrohrlibelle. Jetzt sei die Ablesung a_2 (Lage II der Libellenachse).

Wäre die Ziellinie bereits parallel zu beiden Libellenachsen, so hätten wir jedesmal dieselbe Ablesung und zwar als solche den Mittelwert $a = \frac{1}{2} \cdot (a_1 + a_2)$ erhalten müssen. Diesen stellt man durch Kippen des Fernrohrs an der Latte ein, wobei natürlich ein Libellenausschlag entsteht, der mit den Richtschrauben der Libelle beseitigt wird. Nun sind Ziellinie und Libellenachsen parallel. Erst jetzt kann kontrolliert werden, ob bei waagerechter Lage der

41

Zielachse am Höhenkreis die Ablesung 0^0 bzw. 90^0 erscheint. Diese Sollablesung bei einspielender berichtigter Fernrohrlibelle wird herbeigeführt durch Drehen der Höhenalhidade mit Hilfe einer zu diesem Zweck vorhandenen Feinstellschraube. Bei dieser Bewegung entsteht kein Ausschlag der Nivellierlibelle. Denn nicht die Ablesevorrichtung steht in Verbindung mit dem Fernrohr, sondern der Kreis, der sich dementsprechend beim Kippen des Fernrohrs mitbewegt.

Häufig besitzt der Theodolit auch eine sogenannte Versicherungslibelle, welche fest auf der Höhenalhidade sitzt.

In diesem Falle muß, nachdem am Vertikalkreis bei horizontaler Ziellinie genau 0^0 bzw. 90^0 abgelesen wird, auch diese Libelle zum Einspielen gebracht werden und zwar mit Hilfe ihrer Richtschrauben. Es ist nun ohne weiteres ein-

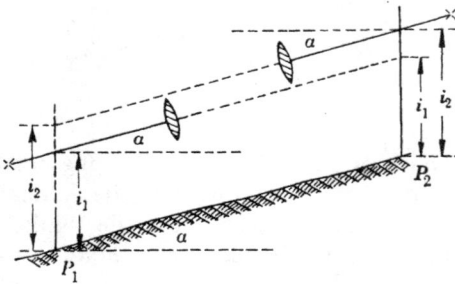

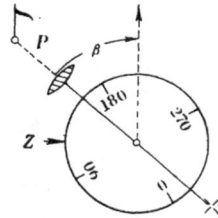

(Ziellinie, Ablesezeiger und Kreisteilung in Lage I)

Abb. 61   Abb. 62

zusehen, daß die Libelle an der Alhidade zum Höhenkreis nicht nur bei horizontaler, sondern bei jeder beliebigen Lage der Ziellinie einspielen muß, was vor Durchführung einer Höhenwinkelablesung jeweils genauestens zu kontrollieren ist. Ein während der Messung auf einem Standpunkt nach der angegebenen Berichtigung auftretender Ausschlag der Versicherungslibelle wird daher stets sofort durch Drehen der Höhenalhidade weggeschafft. Bei einem auf die angegebene Weise berichtigten Theodolit gibt die Ablesung am Höhenkreis in einer Fernrohrlage unmittelbar den Höhenwinkel bzw. Zenitabstand einer Sicht an.

Manchmal kann man vor die Aufgabe gestellt werden, Vertikalwinkel zu messen mit einem Theodolit mit Höhenbogen, welcher weder eine Fernrohr- noch eine Höhenalhidadenlibelle besitzt. Die Bezifferung des Höhenbogens sei so, daß Höhen- und Tiefenwinkel unmittelbar abgelesen werden können. Dann muß wieder vor Beginn der Messung die Ablesung am Höhenbogen bei waagerechter Ziellinie ermittelt bzw. ein vorhandener Zeigerfehler beseitigt werden. Zu diesem Zweck wird das Instrument etwa im Punkte P_1 aufgestellt (siehe Abb. 61) und eine in P_2 stehende, lotrechte Nivellierlatte in Höhe i_1 angezielt. ($i_1 =$ Instrumentenhöhe in P_1). Dann ist die Zielachse parallel zur Verbindungslinie der Punkte P_1, P_2.

Die zugehörige Ablesung am Höhenbogen sei a_1. Nachdem das Instrument in P_2 und die Latte in P_1 aufgestellt wurde, ergibt sich bei zu P_1—P_2 paralleler Ziellinie für den Tiefenwinkel a die Ablesung a_2.

Ist a_1 um v_z kleiner als a, so ist a_2 um den gleichen Betrag größer als der Tiefenwinkel a und umgekehrt. Wir können also schreiben:

$$2v_z = a_2 - a_1; \quad v_z = \frac{a_2 - a_1}{2}$$

Nach dieser Gleichung kann der Zeigerfehler v_z bestimmt werden. Beseitigen kann man ihn nur, wenn die Ablesevorrichtung am Höhenbogen verstellbar ist. Bei Ausführung einer Höhenwinkelmessung oder bei der Bestimmung des Zenitabstandes (90^0 — Höhenwinkel) *in zwei Fernrohrlagen* (Beispiel am Schluß des Kapitels) ist es nicht notwendig, den Zeigerfehler am Höhenkreis wegzuschaffen. Soll z. B. der Zenitabstand β nach dem Punkt P gemessen werden (Abb. 62), so wird dieser bei lotrechter Alhidadenachse des Theodolits im Fernrohr eingestellt und bei einspielender Höhenalhidadenlibelle die Vertikalkreisablesung durchgeführt (a_1). Nach dem Durchschlagen des Fernrohrs und Drehen des Instrumentes um die Stehachse zielt man den Punkt nochmals an. Jetzt sei die Ablesung am Höhenkreis a_2. Zwischen den beiden Punkteinstellungen hat eine Fernrohrkippung um den doppelten Zenitabstand stattgefunden.

$$a_1 - a_2 = 2\beta$$
$$\beta = \frac{a_1 - a_2}{2}$$
$$a = 90^0 - \beta$$

Diese Gleichungen gelten unter der Voraussetzung, daß mit I diejenige Lage der Ziellinie bezeichnet wurde, bei welcher im Falle einer Fernrohrkippung derart, daß der Zenitabstand kleiner wird, dies auch für die Ablesung am Höhenkreis zutrifft. Ist eine Versicherungslibelle vorhanden, so muß diese jeweils vor Durchführung der Kreisablesung durch Drehen der Höhenalhidade mit Hilfe der zugehörigen Feinstellschraube zum Einspielen gebracht werden. Es ist ohne weitere Erläuterungen einzusehen, daß bei dieser Art der Winkelmessung ein etwa vorhandener Zeigerfehler am Höhenkreis keinen Einfluß auf das Messungsergebnis ausübt.

Viele Theodolite besitzen auch am Vertikalkreis zwei Ablesevorrichtungen. Hat man ein Fernrohr mit 3 Horizontalfäden zur Höhenwinkelmessung zur Verfügung, so kann die Winkelbeobachtung in 3 Sätzen durchgeführt werden durch Benützung aller 3 Fäden zum Anzielen.

Beispiel für die Horizontalwinkelmessung
Standpunkt: P.P. 115

| Ziel | Lage | Horizontalkreisablesung | | Mittel | Winkel |
		Nonius I	Nonius II		
P.P 114	I	$1^0\,24'\,30''$	$24'\,30''$	$1^0\,24'\,38''$	$0^0\,00'\,00''$
	II	$181^0\,25'\,00''$	$24'\,30''$		
P.P.116	I	$136^0\,43'\,00''$	$43'\,30''$	$136^0\,43'\,22''$	$135^0\,18'\,44''$
	II	$316^0\,43'\,30''$	$43'\,30''$		

43

Ziel	Lage	Faden	Vertikalkreisablesung		Mittel	2β	2β (Mittel)
			Nonius A	Non. B			β
							Höhenwinkel α
P_1	I	Fo	350° 57′ 30″	57′ 30″	350° 57′ 30″	162° 30′ 00″	
	II		188° 27′ 30″	27′ 30″	188° 27′ 30″		
	I	Fm	351° 15′ 00″	15′ 15″	351° 15′ 08″	162° 30′ 30″	162° 30′ 10″
	II		188° 44′ 30″	44′ 45″	188° 44′ 38″		$\beta = 81° 15′ 05″$
	I	Fu	351° 32′ 00″	32′ 00″	351° 32′ 00″	162° 30′ 00″	$\alpha = 8° 44′ 55″$
	II		189° 02′ 00″	02′ 00″	189° 02′ 00″		

Bemerkungen: Zur Kontrolle der Messung wurde der Zielpunkt mit Hilfe der 3 Horizontalfäden Fo, Fm, Fu im Fernrohr eingestellt.

VIII. INSTRUMENTE ZUR FLÄCHENBERECHNUNG UND PLANHERSTELLUNG

1. Planimeter

a) Polarplanimeter

Das Ende B eines Stabes möge sich auf einem Kreis bewegen und gleichzeitig der Endpunkt A die in der Abb. 63 angegebene Kurve K beschreiben. Wir nennen diesen Stab Fahrarm. Ein zweiter Stab (Polarm), mit dem ersten in einer Ebene liegend, ist mit diesem durch ein Gelenk verbunden, welches sich in B befindet. Der Anfangspunkt P des Polarmes (Pol genannt) ist bei der beschriebenen Bewegung stets Drehpunkt. Auf diese Weise kann B nur einen Kreis beschreiben.

Wird der Fahrarm aus der Ausgangsstellung AB in die Lage $A_1 B_1$ gebracht, wobei die Punkte B u. B_1 sowie A u. A_1 ganz nahe aneinander liegen sollen, so können wir uns diese Bewegung so vorstellen, daß der Stab zuerst die als Parallelogramm zu betrachtende Fläche A, C, B_1, B gleich f_1 und dann den Kreissektor $B_1, C, A_1 = f_2$ bestreicht.

$$f = f_1 + f_2 \qquad \underline{(1.)}$$

Mit dem Fahrarm denken wir uns nun eine kleine Rolle R so verbunden, daß ihre Achse in die Verlängerung des Fahrarms fällt, oder wenigstens parallel zu A, B liegt (r = Abstand des Punktes B von der Rolle). Während der Bewegung des Stabes von AB nach $A_1 B_1$ wird die stets auf der Unterlage aufliegende Rolle einen Betrag: $a = h + r \cdot \alpha \qquad \underline{(2.)}$ abwickeln. Dabei ist α im Bogenmaß zu verstehen.

$$f = l \cdot h + \frac{l^2 \cdot \alpha}{2} \qquad \underline{(3.)}$$

44

Gleichung 2 nach h aufgelöst und diesen Wert in Gleichung 3 eingesetzt, gibt:

$$f = l \cdot (a - r \cdot a) + \frac{l^2 \cdot a}{2}$$

$$f = l \cdot a - l \cdot r \cdot a + \frac{l^2 \cdot a}{2} \qquad (4.)$$

Ist der Fahrstab nach Umfahrung der Kurve K wieder in die Lage $A\,B$ zurückgekehrt, so setzt sich die dabei bestrichene Fläche F' aus lauter kleinen Parallelogrammen und Sektoren zusammen.

$$F' = l \cdot [h] + \frac{l^2}{2} \cdot [a] \qquad (5.)$$

$[h]$ = Summe aller Höhen h; $[a]$ = Summe aller Drehwinkel a.

Die Fläche eines Parallelogrammes möge als positiv angesehen werden, wenn dieses vom Fahrarm rechtssinnig überstrichen wird und die Fläche eines Sektors nehmen wir positiv, wenn sie der Stab während einer Drehung im Uhr-

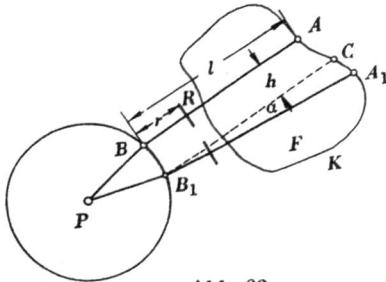

Abb. 63

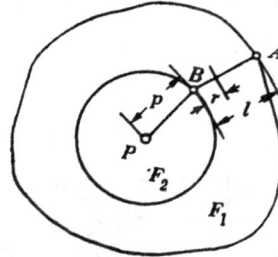

Abb. 64

zeigersinn beschreibt. Unter dieser Voraussetzung entstehen bei der Umfahrung der ganzen Fläche F (siehe Abb. 63) sowohl positive als negative Flächen. Es läßt sich auch leicht einsehen, daß im vorliegenden Falle die Summe aller Drehwinkel $a = [a] = o$ (6.) — Denn die Gerade $A\,B$ macht im ganzen genau soviel Drehungen im positiven wie im negativen Sinne. Damit ergibt sich die Gesamtrollenabwicklung zu:

$$U = [a] = [h] \qquad (7.) \quad \text{und} \quad F = l \cdot [h] = l \cdot [a] = l \cdot U \qquad (8.)$$

An der Rolle wird jeweils die Zahl n ihrer Umdrehungen abgelesen. Deshalb müssen wir eine Beziehung zwischen F und n finden.

$U = n \cdot u$ (9.) wobei u den Umfang der Rolle R bedeutet.

$$F = l \cdot U = l \cdot n \cdot u = (l \cdot u) \cdot n = k \cdot n \qquad (10.)$$

Die Konstante k, mit der die Anzahl der Rollenumdrehungen zu multiplizieren ist, um F zu erhalten, ist das Produkt aus Fahrarmlänge und Rollenumfang.

Die Gültigkeit der Gleichung 10 ist auf die Fälle beschränkt, wo das Stabende B und damit der Pol sich außerhalb der umfahrenden Fläche befinden.

Bei Pol innerhalb derselben gilt die Formel: $F = k \cdot n + C$, welche im folgenden abgeleitet wird.

Die Fläche F_1 (Abb. 64) kann man sich wieder gemäß den Erläuterungen zu

Abb. 63 aus lauter kleinen Parallelogrammen und Sektoren zusammengesetzt denken. Die im ganzen durchgeführte Drehung des Fahrarms ist jetzt $360^0 = 2\pi$:

$$F_1 = [f] = l \cdot [h] + l^2 \cdot \pi \qquad (11.)$$
$$U = [a] = [h] + r \cdot 2\pi \qquad (12.)$$

Gleichung (12) nach $[h]$ aufgelöst und in (11) eingesetzt, gibt:

$$F_1 = [f] = l \cdot U - 2rl \cdot \pi + l^2 \cdot \pi \qquad (13.)$$
$$F = F_1 + F_2 = l \cdot U - 2r \cdot l \cdot \pi + l^2 \cdot \pi + p^2 \cdot \pi \qquad (14.)$$
$$F = l \cdot U + C \qquad (15.), \text{ wobei } C = (l^2 + p^2 - 2rl) \cdot \pi = \text{konstant}$$
$$F = k \cdot n + C \qquad (16.) \qquad \text{(Vergleiche Gleichung 10.)}$$

Beschreibung des Polarplanimeters

P ist der Pol, im einfachsten Falle ein Metallstift, um dessen Achse sich der Polarm p dreht. Zum Beschweren dient ein Gewicht G. Der Abstand der Spitze

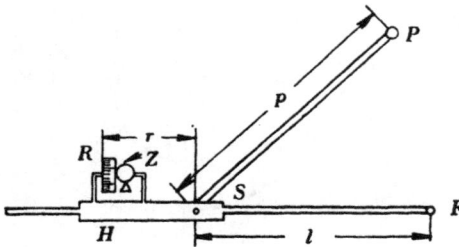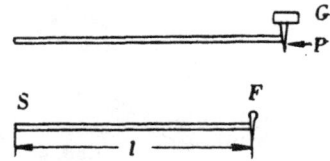

Abb. 65   Abb. 66

des Fahrstiftes F von der Drehachse S des Fahrarms ist in der Abb. 65 mi: (Fahrarmlänge) bezeichnet. Diese läßt sich meistens durch Verschieben einer Hülse H ändern. Die Rolle R trägt eine Teilung, an welcher Teile einer ganzen Umdrehung abgelesen werden. Diese Rolle steht wie die Zählscheibe Z, die zur Ermittlung der ganzen Umdrehungen dient, mit der Hülse H in Verbindung.

Bestimmung der Konstanten k und C

Um k zu erhalten, umfährt man eine bereits bekannte Fläche F mit Pol außer halb. Am besten bedient man sich dazu eines Kontrollineals, wobei eine Kreisfläche von bestimmter Größe sehr genau umfahren werden kann. Wird die dabei erhaltene Anzahl von Rollenumdrehungen neben F in Gleichung 10 eingesetzt, so ergibt sich: $k = \dfrac{F}{n}$

Zur Bestimmung der Konstanten C ist wiederum eine vorgegebene Fläche jedoch mit Pol innerhalb zu umfahren. Wir erhalten: $C = F - k \cdot n$.
Dabei ist k als bekannt vorausgesetzt.

Die Kompensationsplanimeter gestatten eine Flächenermittlung in zwei Lagen (bei gleicher Stellung des Poles). Diese Art der Flächenbestimmung hat die Ausschaltung des Einflusses einer Rollenachsenschiefe zur Folge. Die Meßrolle liegt schief, wenn ihre Achse nicht parallel zum Fahrstab ist.

b) Rollplanimeter

Von den verschiedenen Konstruktionen dieser Art sei das Scheibenrollplanimeter kurz beschrieben. Die beiden Rollen R_1 und R_2 stehen durch eine Achse in fester Verbindung, die in Lagern des Rahmens H—H läuft. Der Fahrarm $A\,F$, mit dem die Meßrolle R nach Andeutung der Abb. 67 verbunden

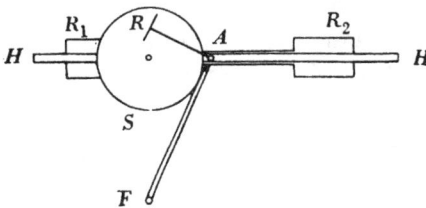

Abb. 67

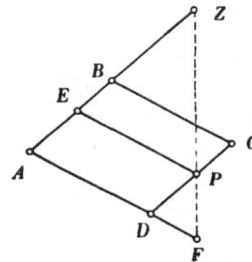

Abb. 68

ist, kann um einen am Rahmen angebrachten Zapfen gedreht werden. Eine Drehung der Rollen wird auf die Scheibe S übertragen. Diese trägt die Meßrolle. Beim Umfahren einer beliebigen Fläche mit dem Fahrstift wird der Drehpunkt A des Fahrarms auf einer Geraden geführt.

2. Der Pantograph

a) Theorie

Vier Stäbe sind durch Gelenke so miteinander verbunden, daß ein der Form nach veränderliches Parallelogramm entsteht ($A\,B\,C\,D$ in Abb. 68).

P ist der feste Drehpunkt der skizzierten Vorrichtung. Die von den Stabendpunkten F und Z umfahrenen Figuren sind stets ähnlich, da die Punkte Z, P, F bei einer beliebigen Lageänderung von F auf einer Geraden bleiben und dabei das Verhältnis $Z\,P : P\,F$ sich nicht ändert. Der diesbezügliche Beweis ist sehr einfach. Wir ziehen in Abb. 68 noch die Parallele zu $A\,D$ durch P und betrachten die beiden ähnlichen Dreiecke $A\,F\,Z$ und $E\,P\,Z$. Ganz gleich wie der Stabendpunkt F verschoben wird, die Seiten $A\,F$ und $A\,Z$ in dem einen, $E\,Z$ und $E\,P$ in dem zweiten Dreieck behalten ihre Länge bei. Auch die Winkel bei A und E sind immer einander gleich. Daraus folgt unmittelbar, daß auch die Winkel bei Z in beiden Dreiecken gleich groß sind, also muß $Z\,P$ in die Gerade $Z\,F$ fallen, d. h. die drei Punkte Z, P, F liegen bei beliebiger Stellung des Gerätes in einer Geraden.

Der Abb. 68 läßt sich außerdem entnehmen:

$$Z P : P F = E P : D F = A D : D F$$

Da $A D : D F$ ein Festwert ist, so gilt dasselbe für das Verhältnis $Z P : P F$.

b) Beschreibung des Instrumentes

Abb. 69 zeigt einen einfachen Pantographen oder Storchschnabel in Draufsicht. Die Punkte F und Z bezeichnen die Achsen kreisrunder Ausschnitte, in denen ein Fahrstift bzw. ein Zeichenstift so befestigt wird, daß diese

    α) in dem durch die Gerade $A D$ bzw. $A B$ bestimmten Ebenen liegen,
    β) mit der Polachse P sich in einer Ebene befinden.

Soll z.B. das Viereck $a\,b\,c\,d$ (Abb. 70) vergrößert werden, etwa derart, daß eine doppelt so große Fläche entsteht, so muß zunächst für die Einhaltung der Beziehung: $F P : P Z = D F : A D = D P : E Z = 1:2$ Sorge getragen werden.

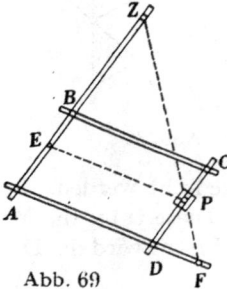

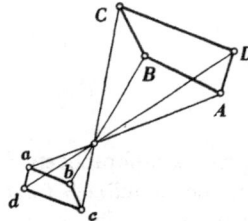

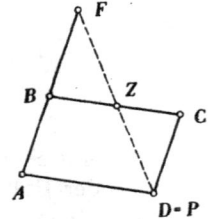

Abb. 69   Abb. 70   Abb. 71

(Fahrstift und Zeichenstift sind zu diesem Zwecke meistens auf Schiebern verstellbar angeordnet.)

Die den verschiedenen Vergrößerungen bzw. Verkleinerungen entsprechenden Lagen der Schieber sind durch Strichmarken mit Angabe des Maßstabverhältnisses gekennzeichnet.

Dann wird der Fahrstift auf die Punkte a, b, c, d gesetzt, und der mit dem entsprechenden großen Buchstaben bezeichnete Punkt mit dem Zeichenstift jeweils festgelegt. Der Pol behält bei diesem Vorgang seine Stellung bei. Es gibt auch Geräte dieser Art mit anderer Anordnung von Pol, Fahrstift und Zeichenstift. Oft ist der Pol in einem Eckpunkt des Gelenkparallelogramms, der Zeichenstift auf einer Seite und der Fahrstift in der Verlängerung einer Parallelogrammseite angebracht (s. Abb. 71).

Die Gelenke bei B und C sind in diesem Falle verlegbar, damit Zeichnungen in verschiedenen Maßstäben hergestellt werden können.

Literatur zu den Planimetern: Stambach, Die Planimeter v. Coradi. Stuttgart, Verlag Wittwer.

IX. INSTRUMENTE ZUR INDIREKTEN LÄNGENMESSUNG

Der Fadenentfernungsmesser mit Latte

a) Entfernungsmesser mit Ramsden-Okular

Hauptbestandteil ist ein Meßfernrohr, in dessen Bildebene sich drei parallele Horizontalfäden befinden. Um die Entfernung der beiden Punkte A und B (s. Abb. 72) auf optischem Wege zu bestimmen, wird das Instrument mit vertikaler Stehachse in A und eine Nivellierlatte in B aufgestellt.

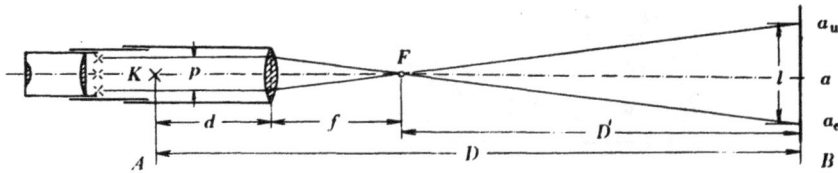

Abb. 72

Mittels des Ober- und Unterfadens ergeben sich bei horizontaler Lage des Fernrohrs die Ablesungen a_o und a_u. Die Differenz $a_u - a_o$ ist der Lattenabschnitt 1. Aus Figur 1 kann unmittelbar die Bestimmungsgleichung für die Entfernung D abgelesen werden. Dabei bedeutet p den Abstand der beiden äußeren Horizontalfäden.

d ist der Abstand des Objektivs von der Kippachse.

$$\frac{f}{p} = \frac{D'}{l}; \ D' = \frac{f}{p} \cdot l; \ \underline{D = D' + d + f = \underline{d + f} + \underline{\frac{f}{p} \cdot l}}.$$

$d + f$ und $\dfrac{f}{p}$ sind konstante Größen und werden als Additions- bzw. Multiplikationskonstante bezeichnet.

$$c = d + f, \ C = \frac{f}{p}.$$

Damit ergibt sich: $\underline{D = c + C \cdot l}$.

Das Verhältnis f/p kann vom Mechaniker beliebig gewählt werden. Man nimmt es so an, daß C eine runde Zahl (100) ist.

b) Entfernungsmesser mit Huygens-Okular

Bei diesem Fernrohr befindet sich zwischen Objektiv- und Fadenkreuzebene eine Zwischenlinse, das sogenannte Kollektiv L'.

In der Figur bedeuten: e = Abstand des Kollektivs von der Fadenkreuzebene,
f' = Brennweite der Linse L';

im übrigen werden die früheren Bezeichnungen beibehalten. Aus der Abb. 73 sind dann unmittelbar folgende Beziehungen abzulesen:

$$\frac{D'}{l} = \frac{f}{p'}; \ D' = \frac{f}{p'} \cdot l$$

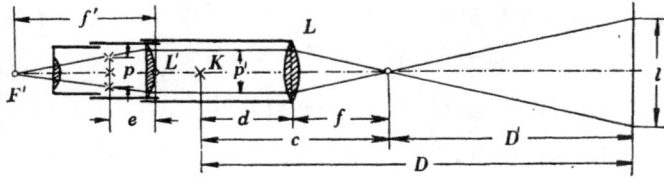

Abb. 73

$$\frac{p'}{p} = \frac{f'}{f'-e} \; ; \quad p' = p \cdot \frac{f'}{f'-e}$$

$$D' = \frac{f \cdot (f'-e)}{p \cdot f'} \cdot l = \frac{f}{p} \cdot \left(1 - \frac{e}{f'}\right) \cdot l$$

$$\underline{D = c + D' = c + \frac{f}{p} \cdot \left(1 - \frac{e}{f'}\right) \cdot l}$$

Multiplikationskonstante $C = \dfrac{f}{p} \cdot \left(1 - \dfrac{e}{f'}\right)$

Somit ergibt sich für die Entfernungsgleichung wieder:

$$D = c + C \cdot l$$

Aus der Gleichung für die Multiplikationskonstante sieht man, daß diese sich mit der Größe e ändert.

c) Der Distanzmesser von Porro

Auch hier ist eine Zwischenlinse eingeschaltet. Diese hat aber vom Objektiv einen konstanten Abstand, der so gewählt ist, daß der sog. anallaktische Punkt, das ist der vordere Brennpunkt der äquivalenten Linse, in die Umdrehungsachse des Instrumentes zu liegen kommt ($D = C \cdot l$).
Ableitung der Entfernungsgleichung:
H und H' sind die Hauptpunkte des Systems der Linsen L_1, L_2; f ist seine Brennweite. Es gelten die Gleichungen:

$$\underline{\frac{p}{b+v} = \frac{l}{g+u}} \quad (1.) \, , \qquad \underline{\frac{1}{b+v} + \frac{1}{g+u} = \frac{1}{f}} \quad (2.)$$

Umformung von Gl. (1.) u. (2.): $\underline{\dfrac{1}{b+v} = \dfrac{l}{p \cdot (g+u)}}$ (3.)

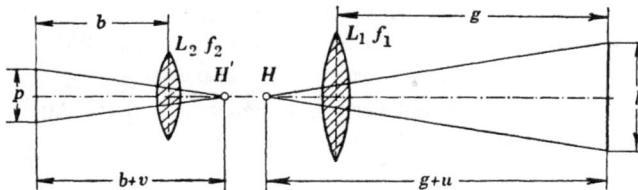

Abb. 74

50

$$\frac{1}{b+v} = \frac{1}{f} - \frac{1}{g+u} \quad (4.)$$

Also ist: $\dfrac{l}{p\cdot(g+u)} = \dfrac{1}{f} - \dfrac{1}{g+u} = \dfrac{g+u-f}{f\cdot(g+u)} \quad (5.)$

$\underline{g+u-f = \dfrac{f}{p}\cdot l} \quad (6.)$ In Gleichung (6.) setzen wir nun für:

$$f = \frac{f_1\cdot f_2}{f_1+f_2-a} \text{ und für } u = \frac{a\cdot f_1}{f_1+f_2-a}$$

$$g + \frac{a\cdot f_1}{f_1+f_2-a} - \frac{f_1\cdot f_2}{f_1+f_2-a} = \frac{f_1\cdot f_2}{f_1+f_2-a}\cdot\frac{1}{p}\cdot l$$

$$g = -\frac{a\cdot f_1}{f_1+f_2-a} + \frac{f_1\cdot f_2}{f_1+f_2-a} + \frac{f_1\cdot f_2}{f_1+f_2-a}\cdot\frac{1}{p}\cdot l =$$

$$-\frac{a\cdot f_1 - f_1\cdot f_2}{f_1+f_2-a} + \frac{f_1\cdot f_2}{f_1+f_2-a}\cdot\frac{1}{p}\cdot l$$

$$g = -\frac{f_1\,(a-f_2)}{f_1+f_2-a} + \frac{f_1\cdot f_2}{f_1+f_2-a}\cdot\frac{1}{p}\cdot l$$

Bezeichnen wir die Entfernung der Latte von der Instrumentenmitte mit D, so gilt: $D = g + a_1$; dabei bedeutet a_1 die Entfernung: Objektiv-Instrumenten-

mitte. $D = a_1 - \dfrac{f_1\cdot(a-f_2)}{f_1+f_2-a} + \dfrac{f_1\cdot f_2}{f_1+f_2-a}\cdot\dfrac{1}{p}\cdot l$

Additionskonstante $c = a_1 - \dfrac{f_1\cdot(a-f_2)}{f_1+f_2-a}$

Multiplikationskonstante $C = \dfrac{f_1\cdot f_2}{f_1+f_2-a}\cdot\dfrac{1}{p}$

Damit haben wir die gewohnte Form: $\underline{D = c + C\cdot l}$.

Wie aus diesen Entwicklungen zu ersehen ist, kann c sehr leicht zu O gemacht werden, was ja beim Porro-Fernrohr auch durchgeführt wird.

d) Der Distanzmesser mit Einstellinse

Siehe hierzu: W i l d , Neue Nivellierinstrumente, Z. f. I. 1909, S. 329. — K l i n g a t s c h , Über Fadendistanzmesser mit Zwischenlinse, Z. f. I. 1912, S. 84. — E g g e r t , Das Zeiss-Wildsche Fernrohr als Distanzmesser, Z. f. V. 1913, S. 770.

Hier wird mittels einer verschiebbaren Zwischenlinse das Bild eines Gegenstandes in der Fadenkreuzebene, welche stets einen gleichen Abstand vom Objektiv hat, zum Entstehen gebracht. Die Linse L_1 (s. Abb. 75) entwirft vom Lattenabschnitt l das Bild l'. Die Zerstreuungslinse L_2 wird nun so verschoben, daß in der Fadenkreuzebene das Bild l'' entsteht ($l'' =$ Abstand der beiden Entfernungsfäden). In den folgenden Ableitungen bedeuten f_1 und f_2 die Brennweiten der Linsen L_1 und L_2. Außerdem sei horizontale Visur über den Mittelfaden angenommen.

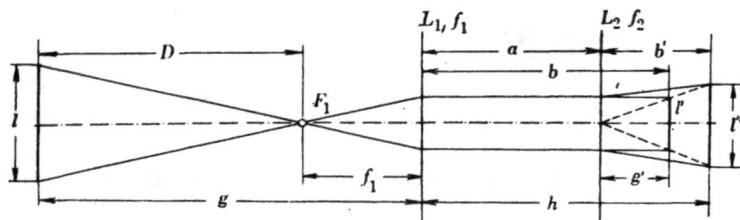

Abb. 75

$$\frac{1}{g} + \frac{1}{b} = \frac{1}{f_1}, \quad (1.) \qquad -\frac{1}{g'} + \frac{1}{b'} = -\frac{1}{f_2} \quad (2.)$$

Gleichung 1 nach b aufgelöst, gibt: $b = \dfrac{g \cdot f_1}{g - f_1}$ \qquad (3.)

Gleichung 2 nach g' aufgelöst gibt: $g' = \dfrac{b' \cdot f_2}{b' + f_2}$ \qquad (4.)

Aus der Figur können unmittelbar die folgenden zwei Gleichungen abgelesen werden: $g - f_1 = D = \dfrac{f_1}{l'} \cdot l$ \quad (5.) \qquad $\dfrac{l''}{l'} = \dfrac{b'}{g'}$ \qquad (6.)

Wir lösen die Gleichung 6 nach l' auf und setzen diesen Wert in Gleichung 5 ein.

$$l' = \frac{l'' \cdot g'}{b'}, \quad D = \frac{f_1 \cdot b'}{l'' \cdot g'} \cdot l \qquad (7.)$$

Gleichung 4 in Gleichung 7 eingesetzt, gibt:

$$D = \frac{f_1 \cdot (b' + f_2)}{l'' \cdot f_2} \cdot l = \frac{f_1}{l''} \cdot \frac{b' + f_2}{f_2} \cdot l$$

$$D = \frac{f_1}{l''} \cdot \left(1 + \frac{b'}{f_2} \right) \cdot l \qquad (8.)$$

$$D = C \cdot l, \quad C = \frac{f_1}{l''} \cdot \left(1 + \frac{b'}{f_2} \right) \qquad (9.)$$

Man sieht, C ist nicht konstant, da der Abstand b' der Linse L_2 von der Bildebene sich bei Einstellung des Instrumentes auf verschiedene Entfernungen ändert.

Konstantenbestimmung

Ermittlung der Additionskonstanten c für einen Entfernungsmesser mit Ramsden- bzw. Huygens-Okular

Diese erhält man durch unmittelbares Abmessen der Größen d und f. d ist, wie bereits bekannt, der Abstand des Objektives von der Kippachse. Die Brennweite f erhält man dadurch, daß man das Fernrohr auf einen sehr weit entfernten Punkt einstellt. Es ist dann beim Ramsden-Fernrohr f der Abstand des Objektivs von der Fadenkreuzebene. Zu diesem Abstand ist beim Entfernungsmesser mit Huygens-Okular noch $\frac{1}{2} f_0$ zu addieren, um f zu bekommen. Dabei bedeutet f_0 die Brennweite des Okulars. Diese wird genügend genau erhalten durch Abmessen der Entfernung Okular—Fadenkreuz. $\underline{c = d + f}$

Zur Ermittlung von C erhalten wir die Gleichung: $C = \dfrac{D - c}{l}$ (aus: $D = c + C \cdot l$)

Wir müssen also zu bestimmten Entfernungen $D - c = D'$ die entsprechenden Lattenabschnitte bestimmen. Zu diesem Zweck markieren wir als erstes den lotrecht unter dem anallaktischen Punkt F befindlichen Bodenpunkt (Abtragen der Strecke c vom Lot durch die Senkelspitze). Von hier aus werden nun in der Zielebene des Fernrohrs in einem ebenen Gelände die horizontalen Entfernungen D' zum Beispiel 30 m, 60 m, 90 m abgemessen und zwar direkt mit dem Meßband, und die Endpunkte ebenfalls markiert. In diesen Endpunkten wird nacheinander eine Nivellierlatte aufgestellt und es werden bei jeweils ungefähr horizontaler Lage des Fernrohrs 2—3 Ablesungen am Ober- und Unterfaden durchgeführt. Daraus kann der Lattenabschnitt l als Mittelwert gerechnet werden.

Um einen guten Mittelwert für C zu bekommen, rechnet man die Konstante

aus: $C = \dfrac{1}{n} \cdot \left[\dfrac{D'}{l} \right]$

$\left[\dfrac{D'}{l} \right]$ = Summe aller $\dfrac{D'}{l}$ dabei n = Anzahl der gemessenen Entfernungen D'.

Zweckmäßige Art der Konstantenbestimmung für ein Fernrohr mit innerer Einstellinse

Für die Bestimmung der Entfernung D kann die Gleichung aufgestellt werden:
$D = 100 \cdot l + v$
Es werden wieder Strecken von bestimmter Länge mit dem Meßband gemessen, z.B. 10 m, 20 m, 30 m usw. bis 120 m. Über dem Anfangspunkt dieser Strecken wird das Instrument aufgestellt. In den Streckenendpunkten befindet sich nacheinander die Latte. Der an dieser abgelesene Lattenabschnitt wird mit 100 multipliziert.
So können aus obiger Gleichung verschiedene Werte v ermittelt werden, nachdem wir die bei bestimmten, runden Entfernungen von Instrument und Latte erhaltenen Lattenabschnitte festgelegt haben.
Diese Verbesserungen werden in einer Tabelle zusammengestellt. Zwischenwerte v sind durch Interpolation zu ermitteln. (Beispiel siehe S. 54)

Ermittlung der Entfernung mit dem Fadenentfernungsmesser bei geneigter Ziellinie

Die waagerechte Entfernung D erhalten wir aus: $D = d \cdot \cos a$. Wäre die Latte so aufgestellt, daß sie im Punkte M senkrecht zur Ziellinie stünde, so würden wir am Instrument den Lattenabschnitt l' ablesen, (Abb. 76) und die schiefe Entfernung d ergäbe sich zu:
$$d = c + C \cdot l'$$
Da $l' \approx l \cdot \cos a$, so können wir auch schreiben: $d \approx c + C \cdot l \cdot \cos a$, wobei l der tatsächlich ermittelte Lattenabschnitt ist.

Beispiel zur Konstantenbestimmung für ein Fernrohr mit Einstell-
linse (Theodolit von Hildebrand Nr. 206103, Eigentum der Verm.-Abt. der
Staatsbauschule München)

Entfernung	Ablesungen am Oberfaden Unterfaden	Lattenabschnitt	Mittel	Entfernung	Ablesungen am Oberfaden Unterfaden	Lattenabschnitt	Mittel	Zusammenstellung der Werte v für runde Entfernungen		
	1,423 1,622	0,199			1,134 1,935	0,801		Entfernung	Lattenabschnitt im Mittel	v [in m]
20 m	1,414 1,613	0,199	0,1993	80 m	1,114 1,915	0,801	0,801			
	1,430 1,630	0,200			1,198 1,999	0,801		20 m	0,1993	+ 0,07
								40 m	0,400	0,0
								60 m	0,6007	— 0,07
	1,413 1,813	0,400			0,879 1,881	1,002		80 m	0,801	— 0,10
								100 m	1,0017	— 0,17
40 m	1,410 1,810	0,400	0,400	100 m	0,858 1,859	1,001	1,0017	120 m	1,202	— 0,20
	1,424 1,824	0,400			• 0,915 1,917	1,002				
	1,270 1,871	0,601			0,687 1,889	1,202				
60 m	1,250 1,851	0,601	0,6007	120 m	0,654 1,856	1,202	1,202			
	1,298 1,898	0,600			0,773 1,975	1,202				

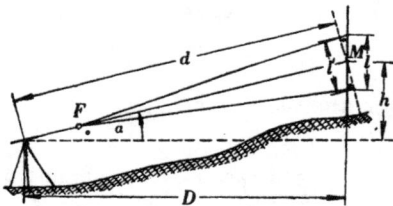

Abb. 76

Damit erhält man: $D \approx c \cdot \cos\alpha + C \cdot l \cdot \cos^2\alpha$.
Diese Gleichung läßt sich noch verein-
fachen. Wir machen nämlich einen für prak-
tische Zwecke bedeutungslosen Fehler,
wenn wir für $c \cdot \cos\alpha$ setzen: $c \cdot \cos^2\alpha$.
Die Gleichung für D lautet dann:
$$D \approx c \cdot \cos^2\alpha + C \cdot l \cdot \cos^2\alpha \approx (c + C \cdot l) \cdot \cos^2\alpha \quad (1.)$$
Der Höhenunterschied h zwischen der Kippachse des Instrumentes und dem angezielten
Punkt M errechnet sich aus: $h = D \cdot tg\,\alpha$ (2.)

Auch für den Höhenunterschied h kann man eine Nährungsformel finden.

$$\sin\alpha = \frac{h}{d}; \quad h = d \cdot \sin\alpha \approx c \cdot \sin\alpha + C \cdot l \cdot \sin\alpha \cdot \cos\alpha$$

Für $c \cdot sin\,a$ setzen wir näherungsweise: $c \cdot sin\,a \cdot cos\,a$
Dann lautet die Gleichung für h:

$$h \approx c \cdot sin\,a \cdot cos\,a + C \cdot l \cdot sin\,a \cdot cos\,a$$
$$h \approx (c + C \cdot l) \cdot sin\,a \cdot cos\,a$$
$$h \approx \tfrac{1}{2}\,(c + C \cdot l) \cdot sin2a \qquad (3.)$$

Zur Ermittlung der waagerechten Entfernung zwischen Instrumentenstandort und Standpunkt der Latte bei Verwendung eines Fernrohrs mit innerer Einstellinse haben wir unter Voraussetzung einer waagerechten Ziellinie die Gleichung aufgestellt:

$$D = C \cdot l \pm v = 100 \cdot l \pm v$$

Nun soll aber wieder eine geneigte Ziellinie angenommen werden.
Unter Beibehaltung der Bezeichnung in Abb. 76 erhält man:

$$D = d \cdot cos\,a, \quad d = 100 \cdot l' \pm v \approx 100 \cdot l \cdot cos\,a \pm v$$
$$D = 100 \cdot l \cdot cos^2a \pm v \cdot cos\,a$$

Näherungsweise können wir wieder schreiben: $D \approx 100 \cdot l \cdot cos^2a \pm v \cdot cos^2a \approx$ $(100 \cdot l \pm v) \cdot cos^2a$.
Zur Bestimmung des Höhenunterschiedes h hat man die zwei Gleichungen:

$$h = D \cdot tg\,a, \quad h \approx \tfrac{1}{2}\,(100 \cdot l \pm v) \cdot sin2a .$$

Es gibt eine Anzahl von Tabellen für rasche Ermittlung der Größen D und h nach den angegebenen Näherungsformeln. Z. B. die Hilfstafeln für Tachymetrie von Jordan und die sogenannte Sinustafel, letztere herausgegeben vom Bayer. Landesvermessungsamt.
Sehr häufig werden auch graphische Tafeln zur Ermittlung von D und h verwendet. Ein sehr gebräuchliches Hilfsmittel ist der gewöhnliche Rechenschieber oder noch besser der sogenannte Tachymeterschieber.
Ein praktischer Näherungsweg zur Bestimmung von D ist folgender: Nachdem die Werte $K = c + C \cdot l$ ermittelt sind, errechnet man den Unterschied: $W = K - D$, also den Übergang auf waagerechte Entfernung nach der Gleichung: $W = \dfrac{3K \cdot (a^0)^2}{10\,000}$ wobei K in Metern einzuführen ist (a = Höhenwinkel). (Siehe hierzu: Näbauer, Vermessungskunde.)
Ist D bekannt, so läßt sich h nach der Gleichung: $h = D \cdot tg\,a$ wieder aus Tabellen entnehmen.

Instrumente für tachymetrische Punktbestimmung

Bei dieser Art der Punktbestimmung wird von einem der Lage und Höhe nach bekannten Punkt aus der Neupunkt durch Bestimmung der Entfernung, der Richtung und des Höhenunterschiedes räumlich festgelegt.

Kreistachymeter

Ein Theodolit mit Höhenkreis und Fadenentfernungsmesser wird als Kreistachymeter bezeichnet. Das Instrument besitzt eine Alhidaden- oder Stützen-

55

libelle, eine Höhenkreis- und meistens auch eine Fernrohrlibelle. Mit Rücksicht auf die zeichnerische Auswertung der Messungen bei einer tachymetrischen Aufnahme genügt zur Bestimmung der Horizontal- bzw. Höhenwinkel je eine Ablesestelle.

Untersuchung und Berichtigung des Instrumentes

a) Die Stehachse muß bei einspielender Alhidaden- bzw. Stützenlibelle vertikal sein.

Da aus Gründen der Zeitersparnis grundsätzlich nur in einer Lage beobachtet wird, muß

b) ein etwaiger Ziel- und Kippachsenfehler beseitigt werden (siehe: Berichtigung des Theodolits).

c) Auch die Höhenwinkel werden nur in einer Lage abgelesen. Deshalb darf kein Zeigefehler am Höhenkreis vorhanden sein, d. h. bei horizontaler Ziellinie und einspielender Höhenkreislibelle muß am Höhenkreis die Ablesung 0^0 bzw. 90^0 erscheinen.

Bussolentachymeter

Dieses unterscheidet sich vom Kreistachymeter nur dadurch, daß an Stelle eines Horizontalkreises eine Bussole zur Winkelmessung dient, welche entweder fest zwischen den Fernrohrträgern eingebaut ist oder als Reitbussole auf die Kippachse des Theodolits aufgesetzt werden kann.

Für den Fall, daß der Nullhalbmesser der Bussolenteilung in der Zielebene des Fernrohrs liegt, und außerdem die durch die Nadelenden bestimmte geometrische Nadelachse mit der in den magnetischen Meridian fallenden magnetischen Nadelachse zusammentrifft, wird am Nordende der Nadel nach Anzielen eines Punktes der sogen. magnetische Streichwinkel abgelesen.

Die vor Beginn einer Messung durchzuführende Untersuchung des Bussolentachymeters erstreckt sich auf folgende Punkte:

a) Die Stehachse muß bei einspielender Alhidaden- bzw. Stützenlibelle vertikal liegen.

b) Obwohl auch bei der Bussolentachymetrie grundsätzlich nur in einer Fernrohrlage beobachtet wird, ist ein etwa vorhandener Ziel- bzw. Kippachsenfehler in den meisten Fällen bedeutungslos. Denn der Einfluß der unvermeidlichen Einstell- und Ablesefehler der Bussole ist größer.

c) Dagegen muß auch hier auf sorgfältige Beseitigung des Zeigerfehlers am Höhenkreis bzw. Höhenbogen geachtet werden.

Für das Auftragen der tachymetrisch bestimmten Punkte im Plan ist es von Vorteil, wenn wir anstatt der magnetischen Streichwinkel unmittelbar die Richtungswinkel kennen. Zu diesem Zwecke stellt man das Instrument über einem koordinatenmäßig bekannten Punkt P_1 auf, zielt mit dem Fernrohr einen Punkt P_2 an, dessen Koordinaten ebenfalls gegeben sind und liest an der Bussole ab. Aus den Koordinaten der beiden Punkte kann der Richtungswinkel $(P_1 P_2)$ gerechnet werden. Ist eine Drehung des Teilkreises der Bussole möglich, so kann nun die Ablesung des errechneten Richtungswinkels an der Bussole herbeigeführt werden. Somit gibt jede weitere Ablesung einen Richtungswinkel an. Ist eine Drehung des Teilkreises nicht möglich, so haben wir in der Differenz: Errechneter Richtungswinkel — Bussolenablesung eine Größe, mit welcher wir jeweils rechnerisch von den beobachteten Winkeln auf die Richtungswinkel übergehen können. Auf diese Weise wird auch jener Fehlereinfluß ausgeschaltet, der dadurch entsteht, daß der Nullhalbmesser der Bussolenteilung nicht in der Zielebene des Fernrohrs liegt, und die geometrische Nadelachse nicht in den magnetischen Meridian fällt.

Es kann auch vorkommen, daß keine koordinatenmäßig bekannten Punkte vorhanden sind. Dann stellt man das Instrument über einem im Plan gegebenen Punkt auf und zielt einen gut sichtbaren Punkt an, der ebenfalls im Plan eingezeichnet ist. In diesem Falle entnimmt man den Richtungswinkel aus dem Plan.

Das Schiebetachymeter

Von dieser Art sei das Projektionstachymeter von Kreuter kurz beschrieben. Es ist ein Theodolit, an dem 3 Maßstäbe befestigt sind. Das sog. schiefe Lineal steht mit dem Fernrohr in fester Verbindung derart, daß seine Teilungslinie zu der durch den Oberfaden gehenden Ziellinie parallel läuft (genauer genommen trifft dies nur bei Einstellung des Fernrohrs auf unendlich zu).

Es findet eine Latte Verwendung, deren Oberteil senkrecht zur Ziellinie gestellt werden kann (Drehpunkt bei 1,20 m). Wird der Oberfaden auf 1,20 m der Lattenteilung eingestellt, so ergibt sich aus dem abgelesenen Lattenabschnitt durch Multiplikation mit 100 unmittelbar die schiefe Entfernung zwischen Instrumentenstandort und dem Standpunkt der Latte.

Nach Einstellung dieser Schrägentfernung am schiefen Maßstab zeigt der Zeiger am horizontalen Lineal die entsprechende waagerechte Entfernung an.

Vor Beginn einer tachymetrischen Aufnahme wird das Höhenlineal bei einspielender, berichtigter Fernrohrlibelle so verschoben, daß an ihm mit Hilfe der Teilungskante des schiefen Lineals der Wert: $Q + i — z — \dfrac{1}{200} \cdot E$ abgelesen wird. Dabei bedeuten Q die Meereshöhe des Instrumentenstandpunkts und E die Einstellung des Horizontalmaßstabes.

Dann ist nach dem Kippen des Fernrohres bis zur waagrechten Lage der unteren Ziellinie $Q + i — z$ am Höhenlineal eingestellt und man liest dort nach Anzielen der Latte, Bestimmung der schiefen Entfernung und Einstellen derselben am Projektionsgestänge unmittelbar die Meereshöhe des Aufnahmepunktes ab.

Prüfung der Parallelität zwischen unterer Ziellinie und der Teilungslinie des schiefen Lineals:

Bei lotrechter Stehachse des Instrumentes und einspielender berichtigter Fernrohrlibelle wird der Horizontalmaßstab um einen bestimmten Betrag $\varDelta E$ verschoben. Vor und nach dieser Verschiebung muß am Höhenlineal abgelesen werden. Die zweite Ablesung ist bei richtiger Lage des schiefen Lineals um $\dfrac{1}{200} \cdot \varDelta E$ kleiner als die erste.

Ein mit einer Meßschraube (s. Abb. 77) ausgestatteter Theodolit wird Schrauben-
distanzmesser genannt. Die Schraubenachse liegt entweder lotrecht oder (wie
in unserem Falle angenommen) waagerecht. An der Meßschraube befinden sich
zwei Teilungen, eine Längsteilung, an welcher die ganzen Schraubenumdrehun-
gen abgelesen werden und eine Trommelteilung, die zur Bestimmung der Teile
einer Umdrehung dient. Als Zeiger zur Ablesung der ganzen Umdrehungen an

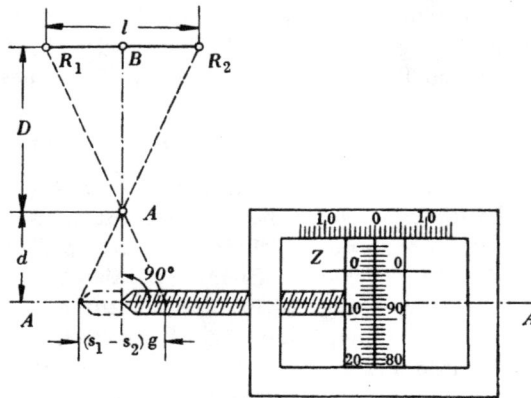

Abb. 77

der Längsteilung wird die Mittellinie der Trommelteilung benützt. An dieser
wird mit Hilfe einer Kante Z abgelesen.

Über den Punkt A sei das Instrument, über den Punkt B die Latte aufgestellt.
Dann erhalten wir die waagerechte Entfernung D nach Einstellung der
Endpunkte R_1 und R_2 eines Lattenabschnittes l im Fernrohr und Ablesen der
entsprechenden Schraubenstellungen s_1 und s_2 aus:

$$D : d = \frac{l}{(s_1 - s_2) \cdot g}$$

g bedeutet die Schraubenganghöhe.

$$D = \frac{d \cdot l}{(s_1 - s_2) \cdot g} = \frac{d}{g} \cdot \frac{l}{(s_1 - s_2)}$$

$\dfrac{d}{g}$ ist ein konstanter runder Wert.

Meßtisch mit Lotgabel und Kippregel

Der Meßtisch besteht aus der Holzplatte P, dem in einen Zapfen endenden
Metallrahmen R und dem Dreifußgestell (s. Abb. 78). Die Schrauben S verbinden
die Platte P, auf welcher ein Zeichenkarton befestigt wird, mit dem Metallrahmen. Wird die Klemmschraube K gelöst, so kann der Oberteil des Meßtisches um die Achse des Zapfens gedreht werden. Eine entsprechende Fein-

bewegung wird bei geschlossener Klemme durch Drehen einer Feinstellschraube bewirkt. Das Dreifußgestell wird in bekannter Weise auf einem Stativ befestigt. Zum Aufstellen des Meßtisches derart, daß ein bestimmter, nicht in der Umdrehungsachse des Instrumentes liegender Planpunkt p genau lotrecht über einem gegebenen Bodenpunkt P liegt, braucht man eine sogenannte Lotgabel. Die beiden Schenkel S_1 und S_2 der Lotgabel haben einen bestimmten Öffnungswinkel, der so bemessen ist, daß die Spitze von S_1 in der Verlängerung des an

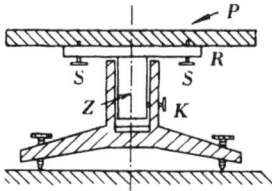

Abb. 78

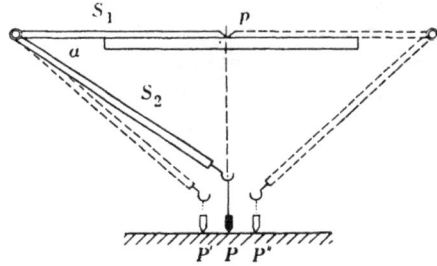

Abb. 79

S_2 hängenden Schnurlotes liegt. Vorausgesetzt ist dabei waagerechte Lage von S_1 (Horizontierung des Meßtisches mit Hilfe einer Setzlibelle). Es wird die Spitze des Armes S_1 an p angelegt und der Meßtisch so lange verschoben, bis das Lot auf den Bodenpunkt P zeigt.

Die Lotgabel kann auf einfache Weise geprüft werden. Zu diesem Zweck wird die Spitze des Schenkels S_1 an einen beliebigen Punkt p der Zeichnung angelegt und jener Bodenpunkt markiert, auf den das Lot in seiner Verlängerung trifft. Dasselbe macht man nach Umsetzen der Lotgabel um 180°. Dabei ergeben sich vielleicht zwei verschiedene Punkte P' und P'' (s. Abb. 79). Dann ist der Öffnungswinkel des Gerätes derart zu ändern, daß bei unveränderter Lage von S_1 das Lot auf den Punkt P, den Mittelpunkt der Strecke $P'P''$ zeigt. Die Kippregel besteht aus einem Zielfernrohr mit Fadendistanzmesser und Höhenkreis oder Höhenbogen, dem Fernrohrträger T und — damit in fester Verbindung — einem Eisenlineal.

Zur einfachen Untersuchung des Höhenbogens auf das Vorhandensein eines Zeigerfehlers hin, ist das durchschlagbare Fernrohr mit einer Doppelschlifflibelle ausgestattet. Auf dem Lineal, dessen Kante in der Zielebene des Fernrohres liegen muß, befindet sich meistens eine Röhrenlibelle; andernfalls ist eine Kippachsen- oder Fernrohrträgerlibelle (s. Abb. 80) vorhanden.

Mit der Kippregel werden von einem bekannten Standpunkt aus die Richtungen und Entfernungen nach den aufzunehmenden Geländepunkten unmittelbar auf dem Meßtischblatt zeichnerisch festgelegt.

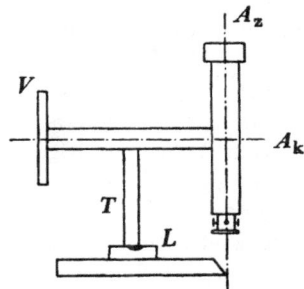

Abb. 80

Die Horizontallegung des Meßtisches kann auch mit einer auf dem Lineal befindlichen Libelle durchgeführt werden.

Untersuchung und Berichtigung der Kippregel

1. Die Zielachse muß beim Kippen des Fernrohres stets eine Vertikalebene beschreiben. Besitzt die Kippregel eine Querlibelle auf dem Lineal, so ist zur diesbezüglichen Untersuchung zunächst festzustellen, ob ein Zielachsenfehler vorhanden ist. Es wird bei annähernd horizontalem Meßtisch irgendein gut sichtbarer Punkt P_1 im Fernrohr eingestellt, der ungefähr im Instrumentenhorizont liegen soll. Dann bezeichnet man die Lage der Linealkante durch Bleistiftlinien. Nach dem Durchschlagen des Fernrohrs und Drehen der Kippregel um 180⁰ wird die Linealkante wieder an die Bleistiftmarken an-

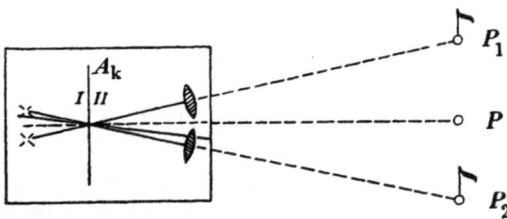 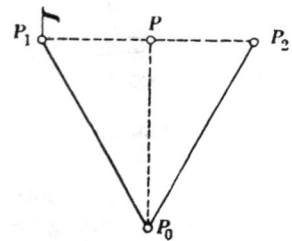

Abb. 81   Abb. 82

gelegt. Bei vorhandenem Zielachsenfehler enthält die Ziellinie in Lage *II* irgendeinen Punkt P_2. Nun verschiebt man das Fadenkreuz im horizontalen Sinne soweit, bis schätzungsweise der Mittelpunkt P der Strecke $P_1 P_2$ im Fernrohr eingestellt ist. Damit ist der Zielachsenfehler beseitigt. (Die Zeichnung stellt den Fall dar, daß die Kippachse nicht senkrecht ist zur Linealkante. Dies ist jedoch für die beschriebene Untersuchung ohne Belang.)

Es folgt die Horizontallegung des Meßtisches in diesem Falle mit der Lineallibelle. Dann ist zu untersuchen, ob die Kippachse bei horizontaler Lage des Meßtisches waagerecht ist. Dazu stelle ich einen hochgelegenen Punkt P_1 ein, bezeichne die Lage der Linealkante durch Bleistiftmarken, schlage das Fernrohr durch und lege nach Drehen der Kippregel in der Luft um 180⁰ die Linealkante wieder an die markierte Linie an. Ist ein Kippachsenfehler gegeben, so wird die Ziellinie bei entsprechender Kippung nicht mehr den Punkt P_1 sondern P_2 enthalten (s. Abb. 82). Die horizontale Ziellinie zeigt in beiden Fernrohrlagen nach demselben Punkt P_0. (P_0, P_1, P_2 sind in einer Lotebene gedacht.) Zur Beseitigung des Fehlers ist ein Ende der Kippachse soweit zu heben oder zu senken, daß der Mittelpunkt der Strecke $P_1 P_2$ im Fernrohr eingestellt ist.

Wir wollen nun annehmen, daß die Röhrenlibelle nicht auf dem Lineal, sondern auf dem Fernrohrträger sitzt und dieser gegen das Lineal geneigt werden kann. Dann wird der Meßtisch am besten mit einer Setzlibelle horizontiert. Bei der Untersuchung des Kippachsenfehlers muß die Fernrohrträgerlibelle vor und nach dem Durchschlagen des Fernrohrs zum Einspielen gebracht werden. Die Beseitigung des Fehlers der Kippachse geschieht durch Neigung des Fernrohrträgers, wodurch ein Ausschlag der daran befestigten Libelle entsteht, welcher mit ihren Richtschräubchen wegzuschaffen ist.

Ist das Instrument mit einer umsetzbaren Kippachsenlibelle ausgestattet, so muß zunächst untersucht werden, ob die Kippachse bei einspielender Libelle horizontal liegt. (In bekannter Weise durchzuführen durch Umsetzen der Libelle.)

Dann erst wird ein etwa vorhandener Zielachsenfehler beseitigt.

2. Die Linealkante soll in der Lotebene durch die Zielachse liegen. Wird durch Visieren mit freiem Auge irgendein markanter Geländepunkt in die Verlängerung der Linealkante gebracht, so müßte dieser Punkt auch in der Fernrohrzielebene liegen. Ein kleiner Fehler dieser Art ist praktisch ohne Einfluß auf das Ergebnis einer Meßtischaufnahme.

3. Die Bestimmung und Beseitigung eines Zeigerfehlers am Höhenkreis wurde im Kapitel: Berichtigung des Theodolits erklärt.

Eine eventuell notwendige Bestimmung der Distanzmesserkonstanten wird wie bekannt durchgeführt.

Bei der Beschreibung der Untersuchung der Kippregel wurde als selbstverständlich angenommen, daß die Linealkante eine Gerade ist.

Zentrierung und Orientierung des Meßtisches

Um mit Hilfe der Lotgabel den Meßtisch zentrisch über einem Geländepunkt aufstellen zu können, muß dieser im Plan eingetragen sein.

Zur Orientierung ist es notwendig, daß außer dem Standpunkt noch ein weiterer Punkt im Plan gegeben ist. Man legt nun die Linealkante an die beiden Bildpunkte an und dreht den Meßtisch mit der Kippregel im horizontalen Sinne solange, bis sich der zweite gegebene Punkt im Fernrohr mit dem Fadenkreuzschnittpunkt deckt. Jetzt wird die Zentrierung nicht mehr stimmen. Sie wird wieder hergestellt und anschließend die Orientierung nochmals verbessert.

X. NEUERE INSTRUMENTE

1. Zeiss Theodolit II

Literatur: Schermerhorn, Vergleichung des neuen Zeiss-Theodolits mit heutigen Konstruktionen, Z. f. Instr. K. 1925, S. 16—35.

Beschreibung des Instrumentes

Das durchschlagbare Fernrohr besitzt eine Einstellinse und ist mit einem Fadendistanzmesser ausgestattet. Zum Horizontieren des Instrumentes dient eine Dosenlibelle und eine Alhidadenröhrenlibelle. Unmittelbar neben dem Fernrohr ist zur Durchführung der Kreisablesungen ein Mikroskop angebracht. Durch einen Beleuchtungsspiegel werden die Ablesestellen am Horizontal- bzw. Höhenkreis, das Strichkreuz und das optische Mikrometer gleichzeitig beleuchtet. Der Horizontalkreis kann für sich verstellt werden, indem man einen Rändelknopf bis zum Anschlag eindrückt und dann entsprechend dreht. Dies ist jedoch nur möglich, wenn der Ausschnitt einer Sicherungsscheibe eine ganz bestimmte Stellung hat.

Zunächst soll nun die Ablesung und zwar am Grundkreis erklärt werden.

Im Ablesemikroskop sind die Bilder zweier diametral gegenüberliegender Kreisausschnitte, durch eine feine Linie voneinander getrennt, zu sehen. Die Zahlen der einen Ablesestelle stehen aufrecht, die der anderen umgekehrt (s. Abb. 83).

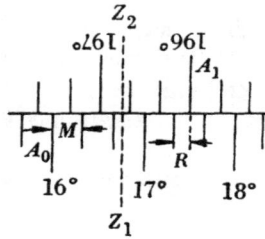

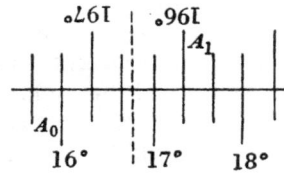

Abb. 83   Abb. 84

Bei dieser Art der Ablesung müssen die beiden Zeiger Z_1 und Z_2 zusammenfallen. Man kann sich deshalb damit begnügen, in der Bildebene des Mikroskops auf einer Glasplatte einen Ablesestrich anzubringen. Die rohe Ablesung ergibt in unserem Falle: 16^0 $45'$ bzw. 196^0 $45'$. Bei der genaueren Ablesung wird zunächst die dem unmittelbar links vom Ablesezeiger oder unter diesem liegenden Gradstrich zugeordnete Zahl A_0 notiert. Dann sind im Bilde die Maßstabteile zwischen dem mit A_0 bezeichneten und jenem Gradstrich zu ermitteln, zu dem die um 180^0 größere oder kleinere Ablesung gehört. Dies ergibt zunächst vier ganze Teile M. Davon ist die Hälfte zu nehmen ($M = 20'$). Die vorläufige Ablesung lautet hiermit 16^0 $40'$.

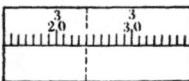

Abb. 85

Zur Ermittlung der Hälfte des Restwertes R (s. Abb. 83) dienen zwei planparallele Platten, die zusammen ein optisches Mikrometer bilden. Durch die eine dieser Platten gehen die Strahlen, die von der ersten Ablesestelle kommen, durch die andere diejenigen, welche den zweiten Kreisausschnitt mit sich führen. Durch Bewegen der Minuten- und Sekundentrommel werden die beiden Planplatten soweit gedreht (und zwar in entgegengesetzter Richtung), bis die Teilstrichbilder derart zusammenfallen, wie es Abb. 84 zeigt.

In der Bildebene des Ablesemikroskops entsteht auch das Bild eines Ausschnittes der Minuten- und Sekundentrommelteilung. Hatten wir hier vor der Drehung der planparallelen Platten die Ablesung O, so mögen jetzt im Falle unseres Beispiels $3'$ $24'' = R/2$ abgelesen werden (s. Abb. 85). Somit ergibt sich die Gesamtablesung: 16^0 $43'$ $24''$. Es ist vorteilhaft, auch die Ablesung der Grade und Zehnerminuten erst nach Herstellung der Koinzidenz der Teilstriche durchzuführen. (Die Zehnerminuten ergeben sich ganz einfach durch

Abzählen der Intervalle zwischen den Gradstrichen A_0 und A_1.) Auf diese Weise kann vermieden werden, immer wieder von neuem im Bild der Sekundenteilung die Ablesung O herbeizuführen.

Soll anstatt am Grundkreis am Höhenkreis abgelesen werden, so werden durch Drehen eines Umschalteknopfes die vom Grundkreis kommenden Strahlen abgeschnitten und dafür die vom Höhenkreis kommenden eingeschaltet. Die Art der Ablesung ist dieselbe.

Die Teilung des Kreises ist durch Doppelstriche bewerkstelligt. Jedoch wurde bei vorstehender Erklärung der Einfachheit halber gewöhnliche Strichteilung angenommen.

Untersuchung und Berichtigung des Instrumentes

a) *Der Aufstellungsfehler.* Seine Beseitigung wird wie beim gewöhnlichen Theodolit durchgeführt.

b) *Der Zielachsenfehler.* Um festzustellen, ob ein Zielachsenfehler vorhanden ist, stellt man einen möglichst im Instrumentenhorizont befindlichen, nicht zu nahe liegenden Punkt im Fernrohr ein, macht die Grundkreisablesung, schlägt das Fernrohr durch und zielt schließlich nach Drehen des Instrumentenoberteils um die Alhidadenachse denselben Punkt wieder an. In dieser zweiten Fernrohrlage wird ebenfalls eine Kreisablesung ausgeführt. Die beiden Ablesungen seien a_1 u. a_2.

$a_1 = a_2 \pm 180^0$, wenn kein Zielachsenfehler vorhanden ist.

Andernfalls stellt die Differenz: $a_2 - (a_1 \pm 180^0)$ den doppelten Zielachsenfehler dar. Es ist dann die Ablesung: $a = \frac{1}{2}(a_1 + a_2 \pm 180^0)$ herbeizuführen. Durch Drehen der Minuten- und Sekundentrommel wird zunächst erreicht, daß im Bild derselben am Zeiger die Minuten- und Sekundenwerte von a abgelesen werden. Damit nun die Ablesung auch in den Graden- und Zehnerminuten mit dem Winkelwert a übereinstimmt, müssen durch Drehen der Feinstellschraube zur Horizontalbewegung des Instrumentes die entsprechenden Teilstrichbilder zur Koinzidenz gebracht werden. Dies hat zur Folge, daß nun der ursprünglich angezielte Punkt nicht mehr eingestellt ist. Die Wiedereinstellung dieses Punktes im Fernrohr geschieht durch Verschieben der Fadenkreuzstrichplatte. Damit ist dieser Fehler beseitigt.

c) Die Beseitigung eines etwaigen Kippachsenfehlers ist bei diesem Instrument nicht möglich. Dieser Fehler wird von der Fabrik aus sehr klein gehalten und ist überdies im Mittel der Ablesungen in zwei Fernrohrlagen nicht mehr enthalten.

d) *Der Zeigerfehler am Höhenkreis.* Bei einspielender berichtigter Nivellierlibelle und einspielender Höhenkreislibelle soll am Vertikalkreis die Ablesung 90^0 erscheinen. Trifft dies nicht zu, so ist ein Zeigerfehler vorhanden. Um den Fehler der Größe nach zu ermitteln, stellt man bei einspielender Höhenkreislibelle einen hochgelegenen markanten Punkt im Fernrohr ein und macht die

Höhenkreisablesung β_1. Nach Drehen des Instrumentes um 180⁰ um die Stehachse und Kippen des Fernrohrs bis zur Wiedereinstellung desselben Punktes, ist erneut am Höhenkreis abzulesen (β_2). (Ebenfalls bei einspielender Höhenkreislibelle.)

Die Zenitdistanz ergibt sich zu: $\gamma = \frac{1}{2}(\beta_1 + 360⁰ - \beta_2)$, nachdem bei einer Fernrohrkippung in Lage I der Zenitabstand und die Ablesung am Höhenkreis sich in demselben Sinne ändern. Die Zeigerverbesserung ist: $v_z = \gamma - \beta_1$. Um diesen Fehler zu beseitigen, wird derselbe Punkt in Lage I nochmals angezielt, wobei die Ablesung am Höhenkreis gleich dem errechneten Wert γ sein muß. Um dies zu erreichen, ist zunächst die Mikrometertrommel so lange zu drehen, bis die gewünschten Minuten und Sekunden abgelesen werden. Dann müssen die Höhenkreisteilstrichbilder derart zur Koinzidenz gebracht werden, daß auch die Grade und Zehnerminuten der Ablesung den entsprechenden Werten des Zenitabstandes γ entsprechen. Dies geschieht in diesem Falle durch Drehen der Einspielschraube zur Höhenlibelle. Der ursprünglich angezielte Punkt bleibt dabei im Fernrohr eingestellt. Jedoch zeigt sich an der Höhenkreislibelle ein Ausschlag, welcher mit Hilfe der Libellenrichtschrauben wegzuschaffen ist.

Bestimmung von Entfernungen mit Basislatten im Zielpunkt durch Horizontalwinkelmessung mit dem Zeiss-Theodolit II

Die Basislatte

Zwei Leichtmetallrohre sind am Lattenhalter, der in einem Dreifuß steckt, befestigt. Im Innern dieser Rohre sind dünne Invardrähte angebracht, deren äußere Enden wiederum mit kurzen Latten verbunden sind. Darauf ist je ein Strich gezogen, der als Zielmarke dient. Der Abstand dieser beiden Strichmarken ist entweder 1 Meter, 2 Meter oder 3 Meter. Die Verwendung von Invarstäben als Bestandteil von Basislatten gewährleistet einen stets gleichen Strichabstand.

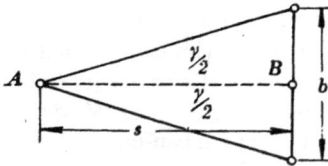

Abb. 86

Die Basislatte wird auf einem Stativ gebraucht. Es gibt auch Basislatten aus Stahlrohr. Die Zielmarken sind in diesem Falle auf die Mantelfläche des Stahlrohres unmittelbar aufgetragen, bzw. in diese eingeritzt. Ein am Batteriegehäuse (die Latte ist mit elektrischer Beleuchtung der Zielmarken ausgestattet) angebrachtes Thermometer ermöglicht die Bestimmung der Temperatur. So kann an der gemessenen Strecke jeweils die entsprechende Temperaturverbesserung angebracht werden, welche einer Tabelle zu entnehmen ist.

Streckenmessung ohne Unterteilung. Die Latte befindet sich in dem einen, der Theodolit im anderen Endpunkt der zu messenden Strecke $A B$ (s. Abb. 86). Die Ausrichtung der Latte senkrecht zur Strecke $A B$ geschieht mit einem an der Latte angebrachten Diopter (Kontrolle vom Instrumentenstandort A aus an einem an der Latte befindlichen Kollimator). Es werden mit dem Fernrohr nacheinander die beiden Zielmarken angezielt. Ist der Winkel γ gemessen, so kann die Strecke $A\,B$ gerechnet werden.

$$ctg\,\gamma/_2 = \frac{s}{b/_2}, \quad s = \frac{b}{2}\cdot ctg\,\gamma/_2$$

Die Firma Zeiss hat Tabellen zur Entnahme der Werte s für bestimmte Winkel γ hergestellt. Diese Art der Distanzmessung gibt unmittelbar Horizontalentfernungen.

Streckenmessung mit Unterteilung. Der Theodolit steht wieder über dem Anfangspunkt der zu bestimmenden Strecke, die Latte wird ungefähr in deren Mitte aufgestellt. So ermittelt man zunächst die Entfernung: Instrument—Latte. Stellt man nun den Theodolit über dem Streckenendpunkt auf, so kann auf dieselbe Weise die Länge der Reststrecke bestimmt werden.

2. Das Reduktionstachymeter von Hammer-Fennel

Literatur: Dr. Hammer, Der Hammer-Fennel'sche Tachymetertheodolit, Stuttgart 1901. — Fennel, Geodätische Instrumente, Heft IV, Verlag Wittwer, Stuttgart 1918. — Schewior, Tachymeter Hammer-Fennel 1. Teil, Kassel 1930.

Bei Verwendung dieses Instrumentes zu tachymetrischen Aufnahmen erhält man die waagerechte Entfernung und den Höhenunterschied zwischen zwei Punkten auf einfachste Weise, unmittelbar ohne Rechnung.

Beschreibung des Instrumentes

Der Unterbau ist derselbe wie bei einem Repetitionstheodolit. Die Horizontalkreisablesung wird mittels Strichmikroskopes ausgeführt. Die Alhidade trägt meistens zwei Kreuzlibellen. Das Instrument ist auch mit einer Fernrohrlibelle

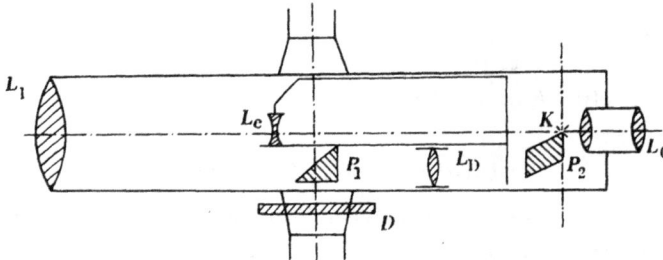

Abb. 87

sowie einem Höhenkreis ausgestattet. Das zum Durchschlagen eingerichtete Fernrohr besitzt eine Einstellinse. Wesentlicher Bestandteil ist die Diagrammplatte, in welche die Nullinie, die Distanzkurve und zwei Höhenkurven eingeritzt sind. Aus später leicht ersichtlichen Gründen hat die Ziellinie von der Kippachse einen Abstand von 30 mm.

Der Diagrammträger D ist so angeordnet, daß der Mittelpunkt des Grundkreises (Nullkurve) in die Kippachse fällt, und ist um diesen Punkt drehbar, macht aber die Kippbewegung des Fernrohrs nicht mit. Zur Beleuchtung des

Diagramms dient eine Milchglasblende. Die Prismen P_1 und P_2 (s. Abb. 87) erfüllen mit der Diagrammlinse L_D die Aufgabe, ein Bild des Diagramms in der Bildebene zu entwerfen, in welcher sich auch ein Horizontalfaden befindet. Das Prisma P_2 kann gedreht werden derart, daß stets die Kante K in der Bildebene liegt. Hier entsteht außerdem das umgekehrte Bild der angezielten Distanzlatte. Die Prismenkante K ist Trennungslinie zwischen dem Diagrammbild und dem Bild der Latte. Das Prisma P_1 steht mit dem Fernrohr in fester Verbindung. So erklärt es sich, daß beim Kippen des Fernrohrs die Kante K stets an einer anderen Stelle des Diagramms erscheint.

Bei der Aufnahme mit dem Hammer-Fennel-Tachymeter findet eine Latte mit Strichteilung Verwendung, deren Nullpunkt 1,4 m von einer Stirnfläche entfernt ist. Der Teilungsnullpunkt ist durch zwei keilförmige Striche noch besonders hervorgehoben. Das untere, 1,4 m lange Lattenstück war früher ohne Teilung, trägt aber neuerdings eine Felderteilung zu dem Zweck, mit dem Instrument auch gegebenenfalls Nivellements durchführen zu können. Beim Ablesen an der Latte bringt man die senkrechte Kante K mit dem Lattenbild in Berührung. Dabei ist darauf zu achten, daß der Lattennullpunkt sich mit einem Punkt der Nullkurve deckt. Der Horizontalfaden muß bei beliebiger Neigung des Fernrohrs am Bild der Diagrammnullkurve tangieren und zwar in dessen Schnittpunkt mit der Prismenkante K.

Die waagerechte Entfernung zwischen dem Standpunkt des Instrumentes und dem der Latte ergibt sich durch Multiplikation der Ablesung an der Entfernungskurve mit 100 unmittelbar. Die Ablesung an der Höhenkurve muß mit 10 bzw. 20 multipliziert werden, um den Höhenunterschied zwischen den beiden Punkten zu erhalten. (Vorausgesetzt ist, daß $i = z = 1,40$ m!)

Gesichtsfeld bei steigender Ziellinie. (Abb. 88)

Ablesungen:

$l_D = 0,132 \qquad D = 13,2$ m
$l_h = + 0,110 \qquad h = + 1,10$ m

Entstehung des Diagramms

Ziel ist, zu erreichen, daß bei beliebiger Neigung des Fernrohrs an einer lotrechten Latte ein Lattenabschnitt l_D (l_h) abgelesen wird, der mit einem konstanten Wert 100 (10 oder 20) multipliziert, unmittelbar die horizontale Entfernung (den Höhenunterschied) zwischen dem Instrumentenstandpunkt und dem Standort der Latte ergibt.

Somit gilt folgende Gleichung: $D = C_1 \cdot l_D$ (1.)

Für die Berechnung von D kennen wir aber auch noch eine andere Gleichung,

nämlich: $D = C \cdot l \cdot cos^2\alpha = \dfrac{f}{p} \cdot l_D \cdot cos^2\alpha$ (2.)

Aus Gleichung 1 und 2 folgt: $\dfrac{f}{p} \cdot cos^2\alpha = C_1$

Es muß also p mit α veränderlich sein, denn f und C_1 sind ja konstante Größen.

$p = \dfrac{f}{C_1} \cdot cos^2\alpha = p_1$. Das ist der zum Höhenwinkel α gehörige Wert von p (gleich Abstand der Randstriche des Entfernungsmessers).

Zur raschesten Ermittlung des Höhenunterschiedes Δh zwischen der Kippachse des Instrumentes und dem Zielpunkt an der Latte soll gelten:

$$\Delta h = C_2 \cdot l_h \quad (3.)$$

$$\Delta h = \frac{1}{2} \cdot C \cdot l \cdot sin\, 2\alpha = \frac{1}{2} \cdot \frac{f}{p} \cdot l_h \cdot sin\, 2\alpha \quad (4.) \text{ Siehe Kreistachymeter!}$$

Aus Gleichung 3 und Gleichung 4 folgt: $C_2 = \dfrac{1}{2} \cdot \dfrac{f}{p} \cdot sin\, 2\alpha$.

Daraus ergibt sich der zum Höhenwinkel α gehörige Wert für den Fadenabstand

p_2 zu: $p_2 = \dfrac{f}{2\,C_2} \cdot sin\, 2\alpha$.

Es müssen nun für verschiedene Werte von α die Fadenabstände p_1 und p_2 gerechnet werden. Die ermittelten Größen sind vom Grundkreis G aus radial

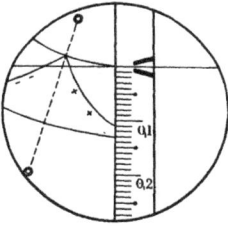 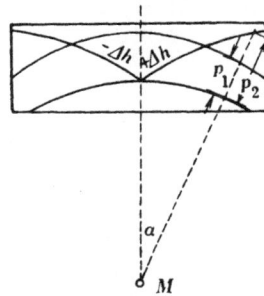

Abb. 88   Abb. 89

abzutragen (s. Abb. 89). So entsteht das Diagramm mit der Entfernungskurve D und den beiden Höhenkurven $+ \Delta h$ und $- \Delta h$.

Untersuchung und Berichtigung des Instrumentes

a) Bei einspielender Alhidadenlibelle muß die Stehachse senkrecht stehen. (S. Berichtigung des Theodolits.)

b) Bei senkrechter Stehachse soll die Kippachse waagrecht liegen. Um diese Forderung nachzuprüfen, wird ein Lot im Fernrohr eingestellt (mit Hilfe der Prismenkante K) und dieses gekippt. Dabei muß das Lot eingestellt bleiben. Andernfalls wäre ein Kippachsenlager entsprechend zu heben oder zu senken.

c) Die Kante K des Prismas P_2 muß nun senkrecht stehen. Um zu kontrollieren, ob dies zutrifft, wird ein gut sichtbarer Punkt angezielt und eine Fernrohrkippung durchgeführt. Dabei soll sich das Bild des angezielten Punktes stets mit der Prismenkante decken. Gegebenenfalls kann diese etwas gedreht werden.

d) Die Achse der Fernrohrlibelle muß parallel sein zur Ziellinie, welche durch den Schnittpunkt des oberen Horizontalstriches mit der Prismenkante und dem Objektivmittelpunkt festgelegt ist. Die entsprechende Untersuchung bzw. Berichtigung ist bereits aus dem Kapitel über Nivellierinstrumente bekannt.

e) Wie das Fernrohr auch gekippt wird, immer muß das Bild der Nullkurve des Diagramms durch den Schnittpunkt der Prismenkante mit dem Horizontalstrich gehen. Ist dies nicht der Fall, so muß man eine auf dem Fernrohr befindliche, durch eine Schutzkappe verdeckte Schraube so lange drehen, bis dieser Fehler behoben ist. Dabei wird durch Verschieben der Diagrammlinse (s. Abb. 87) das Bild der Nullkurve näher an den Horizontalfaden herangebracht.

f) Es muß verlangt werden, daß die durch zwei kleine Kreise gekennzeichnete Mittellinie des Diagramms bei lotrechter Stehachse und waagerechter Ziellinie genau senkrecht steht und mit der Kante K zusammenfällt. Diese Forderung wird erfüllt durch Drehen einer Richtschraube, welche sich am Fernrohrträger befindet bzw. einer auf dem Fernrohr befindlichen Schraube.

Anmerkung: Wurde bei Punkt d der Untersuchung die mittlere Ziellinie parallel zur Achse der Fernrohrlibelle gestellt und die Sollablesung am Höhenkreis = 0^0 kontrolliert, so muß die Mittellinie des Diagrammes bei einer Höhenkreisablesung von 89^0 $43'$ mit der Kante K zusammentreffen.

3. Reduktionstachymeter „Dahlta“

Beschreibung

Entfernung und Höhenunterschied zwischen dem Standpunkt des Instrumentes und der Latte werden wie beim Tachymeter Hammer-Fennel durch Multiplizieren der Ablesungen an verschiedenen Kurven im Gesichtsfeld des Fernrohrs mit einer Konstanten gefunden. Dabei muß die Höhenindexlibelle einspielen und (in der Regel) die Grundkurve auf die keilförmige Nullmarke an der Latte eingestellt sein. Beim Dahlta ist keine eigene Diagrammplatte vorhanden. Die Kurven sind auf der Vertikalkreisscheibe aufgetragen. Es sind hier drei Höhenkurven angebracht (Konstanten 10, 20 und 100). Das Gesichtsfeld ist nicht abgeteilt wie bei Hammer-Fennel.

Der Vertikalkreis erscheint im Gesichtsfeld des Fernrohrs. Die Zehnerminuten werden dort direkt abgelesen, die Einerminuten werden geschätzt. Zur Ablesung am Horizontalkreis dient ein Skalenmikroskop. Die Skalenteilung geht bis zu einer Minute.

Zu diesem Instrument wird eine ausziehbare Latte geliefert, so daß in jedem Falle auf einfache Weise die Zielhöhe gleich der Instrumentenhöhe gewählt werden kann.

Untersuchung und Berichtigung

1. Die Alhidadenlibelle ist in bekannter Weise zu prüfen und zu berichtigen.
2. Bei einspielender Fernrohrlibelle muß die Zielachse waagerecht sein (s. Berichtigung der Nivellierinstrumente).

3. Die Ablesung am Höhenkreis muß 90⁰ betragen, wenn Fernrohr- und Höhenindexlibelle einspielen. Wenn notwendig, wird diese Ablesung durch Drehen der Einspielschraube zur Höhenindexlibelle herbeigeführt und der dadurch entstehende Ausschlag dieser Libelle mit ihren Richtschrauben weggeschafft.

4. Das Reduktionstachymeter von Boßhardt-Zeiss

Das Instrument besitzt als Hauptbestandteil einen aus zwei Drehkeilen zusammengesetzten Doppelbildentfernungsmesser und ist im übrigen wie ein Theodolit mit einem Grundkreis ausgestattet. Zur Durchführung der Ablesungen an beiden Kreisteilungen dient ein einziges Skalenmikroskop. In der Skalenebene entsteht außerdem das Bild einer sogenannten Tangensteilung,

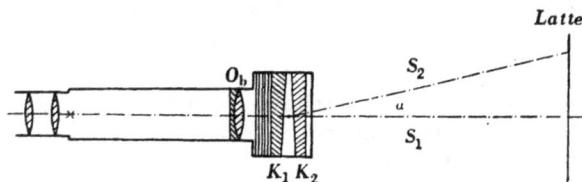

Abb. 90a

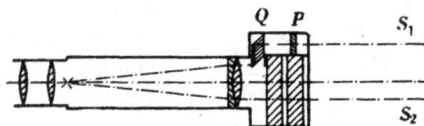

Abb. 90b

an welcher unmittelbar die Tangenten der Neigungswinkel der Ziellinie abgelesen werden können. Das Produkt aus der Ablesung und der Horizontalentfernung vom Standpunkt des Instrumentes bis zum Lattenstandpunkt gibt den Höhenunterschied zwischen diesen beiden Punkten.

Die Abb. 90a und 90b zeigen die optischen Bestandteile des Fernrohrs. Dabei bedeuten K_1, K_2 zwei achromatische Glaskeile. Mit O_b ist das Fernrohrobjektiv bezeichnet. P ist eine planparallele Platte und Q ein rhombisches Prisma. Das Okular ist nur schematisch durch zwei Linsen dargestellt.

Der Hauptstrahl S_1 tritt durch die obere Objektivhälfte ein (s. Abb. 90) und erfährt keine Brechung, während der Strahl S_2 zufolge der Wirkung der beiden Keile abgelenkt wird. Dementsprechend entstehen in der Bildebene Bilder von verschiedenen Punkten der Latte.

Man verwendet eine horizontale Latte, welche in einem Halter, der an die Standlatte angeschraubt ist, verschoben werden kann. Die Querlatte kann auch gedreht werden. Es ist dies notwendig, um sie senkrecht zur Ziellinie zu stellen. Aus diesem Grunde ist an der Latte ein Diopter befestigt. Zur Durchführung der Entfernungsbestimmung trägt die Latte außer der Hauptteilung (meistens

2 cm Intervalle) noch zwei Nonien. Der näher der Lattenmitte liegende, sogenannte innere Nonius wird zur Bestimmung kürzerer Entfernungen, der zweite zur Ermittlung größerer Distanzen (etwa über 80 m) verwendet. Dementsprechend sind die dm-Striche der Hauptteilung doppelt beziffert, so daß an dieser zwei 0-Punkte zu unterscheiden sind. Wir wollen zunächst annehmen, daß die als Ablesezeiger dienenden Nullstriche der Nonien genau in der Verlängerung je eines Teilungsstriches abgetragen sind. In Abb. 91 ist das Gesichtsfeld des Fernrohres für den Fall gezeichnet, daß die angezielte Latte 28,40 m vom Instrumentenstand entfernt ist. Dann koinzidiert der zweite Noniusstrich mit einem Strich der Teilung.

Nicht immer wird im Fernrohrbild ein Noniusstrich mit einem Strich der Hauptteilung zusammenfallen. Daraus folgt, daß mit dem Nonius noch nicht genügend genaue Ergebnisse bei der Distanzmessung erzielt werden. Um die Koinzidenz der entsprechenden Striche auf jeden Fall herbeizuführen, ist die planparallele Platte P_1 in den Strahlengang eingeschaltet. Bei einer Drehung derselben wird das Bild der Hauptteilung seitlich verschoben und damit erreicht, daß sich ein Noniusstrich mit einem Strich der Teilung deckt.

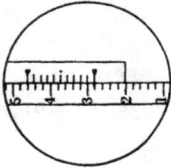

Abb. 91

Die Bestimmung von Entfernungen mit dem Boßhardt-Zeiss-Tachymeter geschieht also folgendermaßen: Als erstes ist mit dem Kollimator die Ausrichtung der Latte zu überprüfen. Beim Anzielen der Latte ist darauf zu achten, daß im Fernrohrbild die Striche der Teilung und die des Nonius ziemlich gleich lang erscheinen. Dann muß die Höhenindexlibelle genauestens zum Einspielen gebracht werden. Als nächstes wird mittels einer Trommel die Planplatte gedreht, und zwar so lange, bis sich die beiden zunächst gelegenen Striche von Teilung und Nonius decken. (Dies soll ungefähr in Gesichtfeldmitte zutreffen.) Am Noniusnullstrich werden nun die Zehnermeter und die gerade Zahl von Metern abgelesen. Die ungerade Anzahl der Meter sowie die geraden dm erhält man durch Abzählen der Intervalle zwischen Noniusnull und dem mit einem Teilstrich koinzidierenden Noniusstrich. Schließlich sind die cm und mm an der Trommel zur Bewegung der Planplatte abzulesen bzw. zu schätzen.

So erhalten wir ganz offensichtlich den Abstand des Strahlenschnittpunktes S von der Teilungsebene der Latte (s. Grundrißzeichnung) und nicht die gesuchte Entfernung. Denn der Punkt S steht von der Kippachse um den Betrag von 88 mm ab. Außerdem fällt der von der Standlatte bezeichnete Geländepunkt nicht in die Teilungsebene. Diese beiden Größen zusammen ergeben die Additionskonstante c. Damit nun nicht jedesmal diese Konstante zur Lattenablesung addiert werden muß, ist sie bereits mechanisch ein für allemal berücksichtigt und zwar ein Teilbetrag dadurch, daß der Nullstrich des Nonius nicht in der Verlängerung des Teilungsanfangsstriches abgetragen wird, und der Rest durch eine bestimmte Drehung der Planplatte. Bei sehr steilen Sichten muß die so erhaltene Entfernung noch um den Reduktionsbetrag der Additionskonstanten auf die Horizontale verbessert werden (abzulesen am Gehäuse des Vertikalkreises).

Die Wirkung der beiden Drehkeile kann man auch ausschalten. Dies geschieht durch Drehen eines Rändels am Fernrohr. Man macht davon Gebrauch im Falle ausschließlicher Winkelmessung. Es wurde bereits erwähnt, daß das Instrument eine Repetitionsvorrichtung besitzt. Durch Betätigen eines Auslösehakens mit Klemmhebel (am Fernrohrträger) wird der Kreis mit der Alhidade fest verbunden bzw. diese Verbindung aufgehoben.

Worauf beruht die selbsttätige Reduktion? Die Hauptschnitte der beiden Drehkeile müssen bei horizontaler Ziellinie ebenfalls horizontal liegen. Dann erzeugen sie zusammen den parallaktischen Winkel γ. Ein einzelner Keil müßte eine Ablenkung $\gamma/2$ hervorrufen. Bei seiner Drehung würde der Strahl $A\,C$ (s. Abb. 92) bei einer bestimmten Entfernung des Instrumentes von der Latte in der Lattenteilungsebene einen Kreis mit dem Radius r beschreiben. Wird nun der zweite in den Strahlengang eingeschaltete Keil um denselben Betrag, jedoch im entgegengesetzten Sinne gedreht, so wird die von jenem

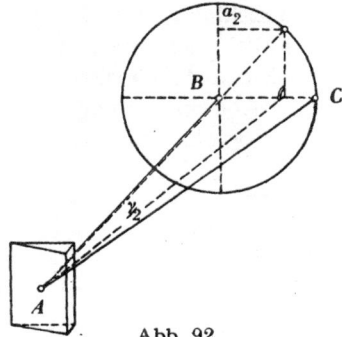

Abb. 92

hervorgerufene vertikale Ablenkung aufgehoben und eine Querabweichung von folgender Größe hervorgerufen: $a = 2\,r \cdot cos\ \varepsilon = l \cdot cos\ \varepsilon = l'$.

Dabei bedeuten: $l =$ nichtreduzierter Lattenabschnitt

$\varepsilon =$ Drehwinkel eines jeden Keiles.

Der auf die Waagerechte reduzierte Lattenabschnitt l' wird also abgelesen, wenn sich die Keile genau um den Höhenwinkel der Visur (gleich Kippungswinkel des Fernrohrs) entgegengesetzt drehen, was durch das Anbringen von Zahnrädern erreicht wird.

Messung von Höhenwinkeln

Die Fernrohrziellinie geht nicht durch die Kippachse, sondern hat davon einen Abstand von 22 mm.

Wird, wie dies in den meisten Fällen geschieht, der Höhenwinkel in nur einer Fernrohrlage beobachtet, so kann der Einfluß der Exzentrizität der Ziellinie dadurch praktisch ausgeschaltet werden, daß man einen Lattenpunkt anzielt, dessen Abstand vom Teilungsnullpunkt um 2 cm größer ist, als die in die weitere Rechnung eingeführte Zielhöhe.

Bei einer Höhenwinkelmessung, die in zwei Fernrohrlagen ausgeführt wurde, ist das Mittel aus der Ablesung in Lage I (a_1) und der Ergänzung der Ablesung in Lage II (a_2) auf 360^0 fehlerfrei.

$$a = \frac{a_1 + (360^0 - a_2).}{2}$$

71

Untersuchung und Berichtigung

a) Die Senkrechtstellung der Stehachse mit Hilfe der Alhidadenlibelle wird wie beim Theodolit durchgeführt.

b) Feststellung und Beseitigung eines Fehlers der Höhenindexlibelle. Wenn die Höhenindexlibelle einspielt, soll die Fernrohrziellinie waagerecht liegen und am Höhenkreis 90° abgelesen werden. Auch die Nivellierlibelle darf jetzt keinen Ausschlag zeigen. Zur Kontrolle dieser Bedingungen muß zunächst ein Höhenwinkel nach einem markanten Punkt in zwei Fernrohrlagen bei jeweils einspielender Höhenkreislibelle gemessen werden. Bekanntlich ist das Mittel aus der Ablesung in Lage I und der Ergänzung der Ablesung in Lage II zu 360° der Zenitwinkel. Bei nochmaliger Einstellung desselben Zieles in Lage I wird die Mittelablesung herbeigeführt, und zwar durch Drehen der Feintriebschraube zur Höhenindexlibelle. Ein Ausschlag dieser Libelle ist mit Hilfe ihrer Richtschrauben wegzuschaffen. Wird nun das Fernrohr so weit gekippt, bis am Höhenkreis die Ablesung 90° erscheint (bei einspielender Höhenindexlibelle). so liegt die Ziellinie horizontal.

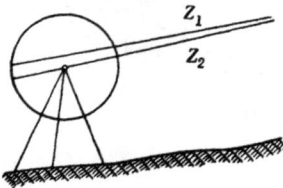

Abb. 93

Jetzt müßte auch die Nivellierlibelle einspielen. Die Beseitigung eines Ausschlages derselben ist an den Richtschrauben vorzunehmen. Auch die beiden Drehkeile befinden sich nun in ihrer Ausgangslage. Die Höhenindexlibelle ist mit einem Zahnrad verbunden, so daß beim Drehen der Feintriebschraube zu dieser Libelle die Drehkeile verstellt werden. Ist die Libelle nicht berichtigt, oder spielt sie vor Ablesung der Entfernung nicht ein, so befinden sich die Keile nicht in der richtigen Stellung, was einen Fehler in der Reduktion hervorruft.

Die Entfernung des bei dieser Untersuchung angezielten Punktes vom Instrumentenstandpunkt soll mindestens etwa 500 m betragen. Dann bleibt die Exzentrizität der Ziellinie ohne praktischen Einfluß auf die Berichtigung. Dies soll im folgenden deutlich gemacht werden.

In Abb. 93 gibt Z_1 die Lage der exzentrischen Ziellinie bei Einstellung irgendeines Hochpunktes an. Wir wollen uns nun eine zweite Ziellinie denken, die gleichzeitig durch die Kippachse geht und den Zielpunkt enthält. Nach Anzielen des Punktes in der zweiten Fernrohrlage, Einstellen des fehlerfreien Zenitwinkels und Drehen des Fernrohrs bis am Höhenkreis 90° abgelesen wird, befindet sich Z_2 in waagerechter Lage, und nicht Z_1. Die Fernrohrziellinie schließt mit der Waagerechten einen Winkel ein, der um so kleiner ist, je weiter der angezielte Punkt vom Standpunkt des Instrumentes entfernt ist.

c) *Ein Fehler der Reduktionsvorrichtung* zeigt sich, wenn eine steile Strecke mit dem Doppelbildentfernungsmesser von beiden Endpunkten aus bei einspielender Höhenlibelle ermittelt wird. Es ergibt sich nämlich dann in beiden Fällen ein anderes Resultat. Der Mittelwert ist richtig. Dabei haben die Drehkeile nicht die richtige Lage, so daß bei horizontaler Ziellinie nicht wie notwendig die größte Ablenkung der Strahlen eintritt. Wir stellen also fest, daß Strecken, welche aus der Mittelung einer Hin- und Rückmessung bestimmt werden auch bei fehlerhafter Reduktionsvorrichtung fehlerfrei sind. Nach obenerwähnter Mittelbildung habe sich der Wert 42,320 m für die Prüfstrecke ergeben. Diese Ablesung ist nun herbeizuführen. Dazu sind 12,0 cm an der Koinzidenztrommel einzustellen. Mit Hilfe zweier Schrauben (an der Höhenkreisverschalung) kann man nun die Keile so drehen, daß in diesem Falle der erste Noniusstrich mit einem Strich der Teilung sich deckt, und damit der errechnete Mittelwert abgelesen wird. Dabei ist stets auf das Einspielen der Libelle am Höhenkreis zu achten. Es verdient hervorgehoben zu werden, daß bei der so durchgeführten Drehung des Hauptzahnrades sich an der Höhenindexlibelle kein Ausschlag zeigt, obwohl umgekehrt jede Neigungsänderung der Achse dieser Libelle durch Drehen der entsprechenden Feinstellschraube auch eine Bewegung dieses Zahnrades zur Folge hat. So ist es zu verstehen, daß erst nach Berichtigung der Höhenkreislibelle die Reduktionsvorrichtung zu korrigieren ist.

d) Wird eine kurze, ebene Strecke (etwa 10 m) zuerst mit der Latte oder dem Meßband, sodann mit dem Instrument gemessen und ergibt sich eine Abweichung der beiden Ergebnisse voneinander, so ist dies ein Beweis dafür, daß die Additionskonstante c beim Anbringen der Lattenteilung bzw. bei der Feststellung der Nullage der Planplatte nicht genügend berücksichtigt wurde. Eine einfache Ausschaltung dieses Fehlereinflusses ist dann möglich, wenn sich bei festbleibender Trommelteilung der zugehörige Ablesezeiger verstellen läßt.

e) *Der Fehler der Multiplikationskonstanten.* Mit der Wahl dieser Konstanten $C = 100$ ist zugleich der parallaktische Winkel γ gegeben, den die beiden Drehkeile miteinander bilden müssen.

Zur Prüfung wird eine zuerst mit dem Stahlband genau festgelegte, ungefähr horizontale Entfernung zweier Punkte mit dem Doppelbildentfernungsmesser bestimmt. Ist das Ergebnis nicht gleich dem des Sollwertes, so ist dies auf einen Fehler in C zurückzuführen. Um diesen zu beseitigen, ist vor den erwähnten Keilen noch ein Zusatzkeil eingeschaltet. Dieser kann gedreht werden und zwar mit Hilfe eines Justierstiftes, den man in die dazu vorgesehene Vertiefung an der Keilfassung einsetzt. Das Vorhandensein einer Sicherungsschraube ist dabei zu beachten.

Literaturangabe: Theimer, Beiträge zur Theorie des Tachymeters Boßhardt-Zeiss Z. f. I. 1930, S. 493. — Jordan, Ein prismatischer Distanzmesser, Z. f. V. 1899. — Boßhardt, Optische Distanzmessung und Polarkoordinatenmethode, Stuttgart 1930. — Uhink, Z. f. I. 1929, S. 581. — Lüdemann, Z. f. I. 1928, S. 109.

5. Das Instrument Kipplodis

Während beim Boßhardt-Zeiss-Tachymeter zwei Drehkeile eine Strahlenablenkung verursachen, ist bei diesem Gerät zu demselben Zweck die Hälfte des Fernrohrobjektives durch einen Keil verdeckt. Hier wie dort sind verschiedene Lattenausschnitte im Fernrohr zu sehen. Der Keil lenkt beim Kipplodis die Strahlen nach oben ab. Dementsprechend findet eine lotrechte Latte mit einer doppelt bezifferten 1 cm oder ½ cm Strichteilung Verwendung. Das Instrument, welches als weitere wichtige Bestandteile eine Nivellierlibelle, einen Höhenbogen sowie, über der Kippachse gelagert, ein Rechtwinkelprisma trägt, dient zur Horizontalaufnahme durch rechtwinklige Koordinaten mit besonderem Vorteil, wenn die Vermessung in verkehrsreichen Gebieten stattfindet oder das aufzunehmende Gelände hügelig bzw. bergig ist.

Es wird ganz einfach auf dem mit dem Stativ verbundenen Lotstab durch Aufschrauben befestigt. Beim Aufsuchen von Winkelfußpunkten muß das Gerät freigehalten werden; deshalb das besonders geringe Gewicht.

Distanzmessung bei ungefähr horizontaler Lage der Ziellinie

Wenn möglich, wird diese Art der Entfernungsbestimmung angewendet. Beim Aufstellen des Instrumentes über dem Anfangspunkt der zu messenden Strecke ist darauf zu achten, daß die berichtigte Dosenlibelle am Lotstab einspielt. Diese Libelle muß des öfteren geprüft werden (Senkrechtstellen des Lotstabes mit einem Schnurlot und Beseitigen eines eventuellen Ausschlages der Libelle mit deren Berichtigungsschrauben). Nachdem durch Änderung des Abstandes von Okular und Bildebene die vertikale Trennungslinie der beiden Gesichtshälften und der Horizontalstrich scharf eingestellt sind, wird die inzwischen im Streckenendpunkt aufgestellte Latte angezielt und durch Verschieben der Einstellinse das Lattenbild deutlich sichtbar gemacht. Beträgt die Ablesung am

Abb. 94

Höhenkreis 0° 0', so ist die Fernrohrziellinie genügend genau horizontal. Es muß jetzt nur noch darauf gesehen werden, daß die Teilstriche der beiden Fernrohrhalbbilder ungefähr gleich lang sind. Trifft dies nicht zu, so ist die Feinstellschraube zur Horizontalbewegung noch etwas zu drehen.

Die Entfernung zwischen dem Instrumentenstandpunkt und dem Standort der Latte wird nun dadurch erhalten, daß man das Bild irgendeines ungefähr in Gesichtsfeldmitte liegenden bezifferten Teilstriches des Lattenausschnittes mit den niedrigeren Zahlen als Ablesezeiger am zweiten Teilungsbild benützt und von der so erhaltenen Ablesung den angegebenen Wert des Indexstriches abzieht. Zum Beispiel $51,77 - 33,0 = 18,77$ (s. Abb. 94).

Strecken bis zu etwa 70 m Länge können auf diese Weise ohne Unterteilung gemessen werden. Zur Kontrolle ist unter Verwendung eines anderen Teilstriches als Zeiger abzulesen.

Die Differentialrefraktion hat keinen fälschenden Einfluß auf das Messungsergebnis, wenn nächst der Mitte der linken Hälfte des Gesichtsfeldes eine Zahl erscheint, die größer als 10 ist. Daraus folgt, daß schon bei verhältnismäßig wenig geneigtem Gelände nicht mehr die waagerechte Lage der Ziellinie beibehalten werden kann.

Entfernungsbestimmung bei geneigter Fernrohrlage

Die bei geneigter Ziellinie nicht anders wie bei horizontalem Fernrohr erhaltene um den Wert des Zeigerstriches reduzierte Ablesung ist nicht die Horizontal- und auch nicht die Schrägentfernung. Der Höhenbogen des Instrumentes trägt außer der Gradteilung noch eine Reduktionsteilung, an welcher eine auf je 10 Einheiten des an der Latte ermittelten Wertes anzubringende Verbesserung in cm abgelesen wird.

Z. Beispiel: Lattenablesung: $62{,}51 - 36{,}0$ (Zeiger) $= 26{,}51$
Ablesung an der Reduktionsteilung: 38 cm pro 10 Einheiten.
Reduktionsbetrag für 26,51: $\qquad 2{,}65 \times 38 = 1{,}01$ m

Damit ergibt sich die Horizontalentfernung zu: $26{,}51$ m $- 1{,}01$ m $= \overline{25{,}50 \text{ m}}$.
Dazu kommt bei stark geneigter Sicht noch eine Verbesserung bis zu 2 cm (abzulesen an einer Teilung über dem Höhenbogen).

Ist die Neigung der Ziellinie gegenüber der Horizontalen größer als etwa 5⁰, so wird die Messung nur richtig, wenn kein Zeigerfehler an der Reduktionsteilung vorhanden ist, d. h. es muß bei einspielender, berichtigter Nivellierlibelle dort der Wert Null abgelesen werden. Die entsprechende Untersuchung hat man dann nicht nur in bestimmten Zeitabständen, sondern — mit Ausnahme des Falles, daß der aufzunehmende Punkt vom Instrumentenstandpunkt aus in derselben Richtung liegt wie der vorher bestimmte — vor jeder Lattenablesung durchzuführen. Denn der Zeigerfehler ändert sich der Größe nach bzw. tritt von neuem auf, sobald das Instrument um die Stehachse gedreht wird. Dies ist leicht einzusehen, wenn man sich vor Augen hält, daß die Lotrechtstellung der Stehachse mit Hilfe der Dosenlibelle durchgeführt wurde, so daß die genauere Nivellierlibelle, auch wenn sie in einer bestimmten Lage einspielt, nach einer Instrumentendrehung doch einen, wenn auch geringen, Ausschlag zeigt. Eine genau lotrechte Lage der Stehachse mit der Nivellierlibelle von vornherein herbeizuführen ist hier nicht möglich.

Bei kleineren Neigungen der Ziellinie genügt eine einmalige Untersuchung bezüglich dieses Fehlers bzw. Wegschaffung desselben im Verlaufe einer größeren Arbeit.

Eine Messungskontrolle ergibt sich durch Ablesen bei verschiedener Fernrohrneigung unter Zuhilfenahme eines jeweils ungefähr in Gesichtsfeldmitte liegenden Ablesestriches. Selbstverständlich sind weder die dabei erhaltenen Lattenablesungen noch jene an der Reduktionsteilung gleich groß. Trotzdem bekommen wir jedesmal dieselbe Horizontalentfernung.

Beim Kipplodis muß wie beim Zeiss-Boßhardt ein abgelenkter und ein unabgelenkter Hauptstrahl unterschieden werden. Wenn einer der beiden Strahlen horizontal ist, so muß als Reduktionsbetrag Null abgelesen werden, weil dann die Lattenablesung unmittelbar die Horizontalentfernung ergibt. So erklärt es sich, daß an der Reduktionsteilung zwei mit Null bezeichnete

Striche vorhanden sind. Jeder an der Teilung zwischen den beiden Nullstrichen abgelesene Wert ist zu der in diesem Fall zu klein erhaltenen Lattenablesung zu addieren.

Bei einer Koordinatenaufnahme mit Kipplodis werden zwei Latten verwendet, wovon die eine zunächst im Anfangspunkt der Messungslinie, die zweite im aufzunehmenden Geländepunkt aufgestellt wird. Mit Hilfe des auf dem Instrument befindlichen Prismas ist sodann der Winkelfußpunkt festzulegen. Dabei hält man das Gerät solange frei, bis der gesuchte Punkt angenähert festliegt. Nach Aufstellung des Instrumentes über dem Winkelfußpunkt folgt die Messung von Abszisse und Ordinate in der angegebenen Art.